胡克不等式及其应用

田景峰 著

WUHAN UNIVERSITY PRESS
武汉大学出版社

图书在版编目(CIP)数据

胡克不等式及其应用/田景峰著.—武汉：武汉大学出版社,2013.10
现代数学.专著版
 ISBN 978-7-307-11988-8

Ⅰ.胡…　Ⅱ.田…　Ⅲ.不等式—研究　Ⅳ.O178

中国版本图书馆 CIP 数据核字(2013)第 252083 号

责任编辑:顾素萍　　　责任校对:鄢春梅　　　版式设计:韩闻锦

出版发行: **武汉大学出版社** 　(430072　武昌　珞珈山)
　　　　　　(电子邮件：cbs22@whu.edu.cn　网址：www.wdp.com.cn)
印刷:湖北金海印务有限公司
开本：720×1000　　1/16　　印张:7　　字数:125 千字　　插页:1
版次:2013 年 10 月第 1 版　　　2013 年 10 月第 1 次印刷
ISBN 978-7-307-11988-8　　　定价:20.00 元

作者简介

田景峰，河北省安新县人。华北电力大学教师。主要从事解析不等式、模糊数学、不确定统计学习理论的研究。主持或参与多项省部级自然科学基金课题研究。在《Information Sciences》、《Fuzzy Optimization and Decision Making》、《Mathematical Inequalities and Applications》等知名国际期刊上发表学术论文30余篇，其中SCI收录14篇。荣获河北省优秀教学成果三等奖、保定市大中专院校青年教师说课比赛一等奖、华北电力大学青年教师教学基本功大赛一等奖、保定市青年科技奖等荣誉称号。

前　言

　　不等式在数学的各个领域都起着非常重要的作用, 而且在工程技术中也是一个必不可少的基本工具. 事实上, 自从 20 世纪以来, 不等式就一直是一个非常活跃而又有吸引力的研究领域, 特别是现在不等式的研究空前活跃, 研究的深度和广度都在迅速扩大[15].

　　经典的 Hölder 不等式是数学家 Hölder[20] 于 1889 年给出的如下形式的不等式:

$$\sum_{k=1}^{n} a_k b_k \le \left(\sum_{k=1}^{n} a_k^p\right)^{\frac{1}{p}} \left(\sum_{k=1}^{n} b_k^q\right)^{\frac{1}{q}},$$

其中 $a_k \ge 0$, $b_k \ge 0$, $p > 1$, $\frac{1}{p} + \frac{1}{q} = 1$ (当 $0 < p < 1$ 时, 上式中不等号反向, 且 $a_k > 0$, $b_k > 0$). 事实上, Roger[21] 比 Hölder 早一年得到上式, 但习惯上人们一直将上式称为 Hölder 不等式.

　　众所周知, Hölder 不等式是数学很多领域的重要基石, 是深入解决问题的桥梁. 自从 Hölder 给出这个不等式以来, 对它的研究就没有中断过. 著名数学家 Hardy 等在其名著《不等式》中再三强调 Hölder 不等式 "极为重要" 和 "到处都要用到", 这个不等式和 Minkowski 不等式、算术平均与几何平均不等式构成了该文献中前面 6 章的主题, 占了全书一半以上的篇幅[15]. 一百多年来, 出现了大量的关于这个不等式的改进、推广以及应用的文献.

　　尽管 Hölder 不等式在数学的很多领域有着重要的应用, 但是有些问题用 Hölder 不等式估计时往往得不到较为精确的刻画. 例如, 设

$$a_{2k-1} = b_{2k} = 1, \ a_{2k} = b_{2k-1} = 0, \quad k = 1, 2, \cdots, N, \ n = 2N,$$

显然 $\sum_{k=1}^{n} a_k b_k = 0$，而此时 Hölder 不等式的右端却是 N，与 0 相差甚远！

基于此，我国数学家胡克[24]于 1981 年在《中国科学》上给出了一个新的不等式，这个不等式的出现克服了 Hölder 不等式在使用时的缺陷，美国《数学评论》称之为"一个杰出的、非凡的、新的不等式"[15]。国际数学界将这个不等式命名为胡克不等式。经典的 Hölder 不等式在数学中起着基础性作用并且有着广泛的应用领域，作为 Hölder 不等式精美改进的胡克不等式在其中的某些领域也扮演着同样的角色。事实上，自从胡克给出该不等式以来，就出现了大量的关于该不等式的研究文献。

近几年来，对于胡克不等式的研究又有了新的进展。本书出版的目的除了系统地介绍国内外学者对胡克不等式的研究成果外，着重叙述作者本人的一系列研究工作。

本书的内容安排如下：第 1 章预备知识，主要介绍一些常用的基础不等式以及 Hölder 不等式、Minkowski 不等式的推广；第 2 章胡克不等式，主要介绍胡克不等式及其若干推广；第 3 章反向胡克不等式，主要介绍反向胡克不等式及其若干推广；第 4 章几个重要的不等式构成函数的单调性性质，主要介绍胡克不等式、反向胡克不等式、Hölder 不等式以及 Minkowski 不等式构成函数的单调性性质；第 5 章应用，主要介绍胡克不等式及反向胡克不等式的一系列应用。

作者深切怀念已故的著名数学家胡克教授。为了本书的系统性和完整性，作者引用了胡克教授所著的《解析不等式的若干问题》的部分内容，在此，向他表示衷心的感谢。

本书的出版得到了中央高校基本科研业务费重点项目（编号：13ZD19）的资助，特此致谢。

作者忠心感谢武汉大学出版社编辑的精心工作，感谢我的家人对我的工作的支持。

由于作者才疏学浅，不妥与疏漏之处在所难免，恳请同仁及读者不吝赐教。

田景峰
2013 年 10 月

目 录

第1章
预备知识

为了方便读者, 在这一章中, 我们主要给出本书定理的证明中经常要用到的基本不等式以及 Hölder 不等式的重要推广.

1.1 几个常用的基础不等式

定理 1.1（Cauchy-Schwarz 不等式） 设 $a_r, b_r \ (r = 1, 2, \cdots, n)$ 为实数列, 则

$$\left(\sum_{r=1}^{n} a_r b_r \right)^2 \le \left(\sum_{r=1}^{n} a_r^2 \right) \left(\sum_{r=1}^{n} b_r^2 \right). \tag{1.1}$$

定理 1.2（Hölder 不等式） 设 $a_r, b_r \ge 0 \ (r = 1, 2, \cdots, n)$. 如果 $p \ge q > 1$, $\dfrac{1}{p} + \dfrac{1}{q} = 1$, 则

$$\sum_{r=1}^{n} a_r b_r \le \left(\sum_{r=1}^{n} a_r^p \right)^{\frac{1}{p}} \left(\sum_{r=1}^{n} b_r^q \right)^{\frac{1}{q}}; \tag{1.2}$$

如果 $p > 0$, $q < 0$, $\dfrac{1}{p} + \dfrac{1}{q} = 1$, 则有反向不等式

$$\sum_{r=1}^{n} a_r b_r \ge \left(\sum_{r=1}^{n} a_r^p \right)^{\frac{1}{p}} \left(\sum_{r=1}^{n} b_r^q \right)^{\frac{1}{q}}, \tag{1.3}$$

此时要求 $a_r, b_r > 0$.

相应的积分型 Hölder 不等式如下:

定理 1.3 设 $f(x), g(x) \geq 0$. 如果 $p \geq q > 1$, $\dfrac{1}{p} + \dfrac{1}{q} = 1$, 则

$$\int f(x)g(x)\mathrm{d}x \leq \left(\int f^p(x)\mathrm{d}x\right)^{\frac{1}{p}}\left(\int g^q(x)\mathrm{d}x\right)^{\frac{1}{q}}; \tag{1.4}$$

如果 $p > 0$, $q < 0$, $\dfrac{1}{p} + \dfrac{1}{q} = 1$, 则有反向不等式

$$\int f(x)g(x)\mathrm{d}x \geq \left(\int f^p(x)\mathrm{d}x\right)^{\frac{1}{p}}\left(\int g^q(x)\mathrm{d}x\right)^{\frac{1}{q}}, \tag{1.5}$$

此时要求 $f(x), g(x) > 0$.

定理 1.4（Minkowski 不等式） 设 $a_r, b_r \geq 0$ $(r = 1, 2, \cdots, n)$. 若 $p > 1$, 则

$$\left[\sum_{r=1}^{n}(a_r + b_r)^p\right]^{\frac{1}{p}} \leq \left(\sum_{r=1}^{n}a_r^p\right)^{\frac{1}{p}} + \left(\sum_{r=1}^{n}b_r^p\right)^{\frac{1}{p}}; \tag{1.6}$$

若 $0 < p < 1$, 则有反向不等式

$$\left[\sum_{r=1}^{n}(a_r + b_r)^p\right]^{\frac{1}{p}} \geq \left(\sum_{r=1}^{n}a_r^p\right)^{\frac{1}{p}} + \left(\sum_{r=1}^{n}b_r^p\right)^{\frac{1}{p}}. \tag{1.7}$$

相应的积分型 Minkowski 不等式如下:

定理 1.5 设 $f(x), g(x) \geq 0$. 若 $p > 1$, 则

$$\left[\int (f(x) + g(x))^p\mathrm{d}x\right]^{\frac{1}{p}} \leq \left(\int f^p(x)\mathrm{d}x\right)^{\frac{1}{p}} + \left(\int g^p(x)\mathrm{d}x\right)^{\frac{1}{p}}; \tag{1.8}$$

若 $0 < p < 1$, 则有反向不等式

$$\left[\int (f(x) + g(x))^p\mathrm{d}x\right]^{\frac{1}{p}} \geq \left(\int f^p(x)\mathrm{d}x\right)^{\frac{1}{p}} + \left(\int g^p(x)\mathrm{d}x\right)^{\frac{1}{p}}. \tag{1.9}$$

定理 1.6（Dresher 不等式） 设 $a_i, b_i \geq 0$ $(i = 1, 2, \cdots, n)$. 若 $p > 1 > r > 0$, 则

$$\left[\frac{\displaystyle\sum_{i=1}^{n}(a_i+b_i)^p}{\displaystyle\sum_{i=1}^{n}(a_i+b_i)^r}\right]^{\frac{1}{p-r}} \leq \left(\frac{\displaystyle\sum_{i=1}^{n}a_i^p}{\displaystyle\sum_{i=1}^{n}a_i^r}\right)^{\frac{1}{p-r}} + \left(\frac{\displaystyle\sum_{i=1}^{n}b_i^p}{\displaystyle\sum_{i=1}^{n}b_i^r}\right)^{\frac{1}{p-r}} . \tag{1.10}$$

定理 1.7（Jensen 不等式）　设 $\boldsymbol{a}=(a_1,a_2,\cdots,a_n)$, $a_i>0$, 且 $t_r(\boldsymbol{a})=$ $\left(\displaystyle\sum_{i=1}^{n}a_i^r\right)^{\frac{1}{r}}$ $(r\neq 0)$, 则对于 $0<r<s$, $r<s<0$ 或 $s<0<r$ 有

$$t_s(\boldsymbol{a}) < t_r(\boldsymbol{a}). \tag{1.11}$$

定理 1.8[19]　如果 $x>-1$, $\alpha>1$ 或者 $\alpha<0$, 则有
$$(1+x)^\alpha \geq 1+\alpha x. \tag{1.12}$$
当 $0<\alpha<1$ 时, 上述不等式反向.

定理 1.9[22]　如果 $x_i\geq 0$, $\lambda_i>0$, $i=1,2,\cdots,n$, $0<p\leq 1$, 则有
$$\sum_{i=1}^{n}\lambda_i x_i^p \leq \left(\sum_{i=1}^{n}\lambda_i\right)^{1-p}\left(\sum_{i=1}^{n}\lambda_i x_i\right)^p. \tag{1.13}$$
当 $p\geq 1$ 或者 $p<0$ 时, 上述不等式反向.

定理 1.10[19]　设 $X,Y\geq 0$. 如果 $0\leq\alpha\leq 1$, 则有
$$X^\alpha Y^{1-\alpha} \leq \alpha X + (1-\alpha)Y. \tag{1.14}$$
当 $\alpha>1$ 或者 $\alpha<0$ 时, 上述不等式反向.

1.2　Hölder 不等式及 Minkowski 不等式的推广

这一节我们将给出 Hölder 不等式及 Minkowski 不等式的几个重要的、常用的推广.

首先, 给出 Hölder 不等式的如下推广:

定理 1.11[38]　设 $A_{ij}\geq 0$ $(i=1,2,\cdots,n,\ j=1,2,\cdots,m)$.

3

(1) 如果 β_j 是正数, 并且 $\sum\limits_{j=1}^{m} \dfrac{1}{\beta_j} \geq 1$, 则有

$$\sum_{i=1}^{n} \prod_{j=1}^{m} A_{ij} \leq \prod_{j=1}^{m} \left(\sum_{i=1}^{n} A_{ij}^{\beta_j} \right)^{\frac{1}{\beta_j}}. \tag{1.15}$$

(2) 如果 $\beta_1 > 0$, $\beta_j < 0$ $(j = 2, 3, \cdots, m)$, 并且 $\sum\limits_{j=1}^{m} \dfrac{1}{\beta_j} \leq 1$, 则有

$$\sum_{i=1}^{n} \prod_{j=1}^{m} A_{ij} \geq \prod_{j=1}^{m} \left(\sum_{i=1}^{n} A_{ij}^{\beta_j} \right)^{\frac{1}{\beta_j}}. \tag{1.16}$$

(3) 如果 $\beta_j < 0$ $(j = 1, 2, \cdots, m)$, 则有

$$\sum_{i=1}^{n} \prod_{j=1}^{m} A_{ij} \geq \prod_{j=1}^{m} \left(\sum_{i=1}^{n} A_{ij}^{\beta_j} \right)^{\frac{1}{\beta_j}}. \tag{1.17}$$

定理 1.12[34] 设 $a_{rj} > 0$ $(r = 1, 2, \cdots, n,\ j = 1, 2, \cdots, m)$, $\lambda_1 \neq 0$, $\lambda_j < 0$ $(j = 2, 3, \cdots, m)$, 并且 $\tau = \max\left\{ \sum\limits_{j=1}^{m} \dfrac{1}{\lambda_j}, 1 \right\}$, 则有

$$\sum_{r=1}^{n} \prod_{j=1}^{m} a_{rj} \geq n^{1-\tau} \prod_{j=1}^{m} \left(\sum_{r=1}^{n} a_{rj}^{\lambda_j} \right)^{\frac{1}{\lambda_j}}. \tag{1.18}$$

证 (1) 当 $\lambda_1 < 0$ 时, 显然 $\tau = 1$. 此时不等式 (1.18) 就是不等式 (1.17).

(2) 当 $\lambda_1 > 0$ 并且 $\sum\limits_{j=1}^{m} \dfrac{1}{\lambda_j} \geq 1$ 时, 记 $\sum\limits_{j=1}^{m} \dfrac{1}{\lambda_j} = t$ $(t \geq 1)$, 则有 $\sum\limits_{j=1}^{m} \dfrac{1}{t\lambda_j} = 1$. 由不等式 (1.16) 可知

$$\left(\sum_{r=1}^{n} \prod_{j=1}^{m} a_{rj} \right)^2 = \sum_{s=1}^{n} \left(\prod_{i=1}^{m} a_{si} \right) \sum_{r=1}^{n} \prod_{j=1}^{m} a_{rj}$$

$$\geq \sum_{s=1}^{n} \left(\prod_{i=1}^{m} a_{si} \right) \left[\prod_{j=1}^{m} \left(\sum_{r=1}^{n} a_{rj}^{t\lambda_j} \right)^{\frac{1}{t\lambda_j}} \right]$$

$$= \sum_{s=1}^{n} \left\{ \left(a_{s1}^{t\lambda_1} \sum_{r=1}^{n} a_{r1}^{t\lambda_1} \right)^{\frac{1}{t\lambda_1} - \sum_{j=2}^{m} \frac{1}{t\lambda_j}} \cdot \left[\prod_{j=2}^{m} \left(a_{s1}^{t\lambda_1} \sum_{r=1}^{n} a_{rj}^{t\lambda_j} \right)^{\frac{1}{t\lambda_j}} \right] \right.$$

$$\left. \cdot \left[\prod_{j=2}^{m} \left(a_{sj}^{t\lambda_j} \sum_{r=1}^{n} a_{r1}^{t\lambda_1} \right)^{\frac{1}{t\lambda_j}} \right] \right\}. \tag{1.19}$$

进而根据

$$\left(\frac{1}{t\lambda_1} - \sum_{j=2}^{m} \frac{1}{t\lambda_j} \right) + \frac{1}{t\lambda_2} + \frac{1}{t\lambda_3} + \cdots + \frac{1}{t\lambda_m} + \frac{1}{t\lambda_2} + \frac{1}{t\lambda_3} + \cdots + \frac{1}{t\lambda_m} = 1,$$

对不等式(1.19)的右端利用(1.16)可得

$$\left(\sum_{r=1}^{n} \prod_{j=1}^{m} a_{rj} \right)^2 \geq \left(\sum_{s=1}^{n} \sum_{r=1}^{n} a_{s1}^{t\lambda_1} a_{r1}^{t\lambda_1} \right)^{\frac{1}{t\lambda_1} - \sum_{j=2}^{m} \frac{1}{t\lambda_j}}$$

$$\cdot \left[\prod_{j=2}^{m} \left(\sum_{s=1}^{n} \sum_{r=1}^{n} a_{s1}^{t\lambda_1} a_{rj}^{t\lambda_j} \right)^{\frac{1}{t\lambda_j}} \right] \left[\prod_{j=2}^{m} \left(\sum_{s=1}^{n} \sum_{r=1}^{n} a_{sj}^{t\lambda_j} a_{r1}^{t\lambda_1} \right)^{\frac{1}{t\lambda_j}} \right]. \tag{1.20}$$

此外, 利用定理 1.9, 我们有

$$\left(\sum_{s=1}^{n} \sum_{r=1}^{n} a_{s1}^{t\lambda_1} a_{r1}^{t\lambda_1} \right)^{\frac{1}{t\lambda_1} - \sum_{j=2}^{m} \frac{1}{t\lambda_j}} \left[\prod_{j=2}^{m} \left(\sum_{s=1}^{n} \sum_{r=1}^{n} a_{s1}^{t\lambda_1} a_{rj}^{t\lambda_j} \right)^{\frac{1}{t\lambda_j}} \right]$$

$$\cdot \left[\prod_{j=2}^{m} \left(\sum_{s=1}^{n} \sum_{r=1}^{n} a_{sj}^{t\lambda_j} a_{r1}^{t\lambda_1} \right)^{\frac{1}{t\lambda_j}} \right]$$

$$\geq (n^2)^{(1-t)\left(\frac{1}{t\lambda_1} - \sum_{j=2}^{m} \frac{1}{t\lambda_j} \right)} \left(\sum_{s=1}^{n} \sum_{r=1}^{n} a_{s1}^{\lambda_1} a_{r1}^{\lambda_1} \right)^{\frac{1}{\lambda_1} - \sum_{j=2}^{m} \frac{1}{\lambda_j}}$$

$$\cdot \left[\prod_{j=2}^{m} (n^2)^{\frac{1-t}{t\lambda_j}} \left(\sum_{s=1}^{n} \sum_{r=1}^{n} a_{s1}^{\lambda_1} a_{rj}^{\lambda_j} \right)^{\frac{1}{\lambda_j}} \right]$$

$$\cdot \left[\prod_{j=2}^{m} (n^2)^{\frac{1-t}{t\lambda_j}} \left(\sum_{s=1}^{n} \sum_{r=1}^{n} a_{sj}^{\lambda_j} a_{r1}^{\lambda_1} \right)^{\frac{1}{\lambda_j}} \right]$$

$$= (n^2)^{1-t} \left(\sum_{s=1}^{n} \sum_{r=1}^{n} a_{s1}^{\lambda_1} a_{r1}^{\lambda_1} \right)^{\frac{1}{\lambda_1} - \sum_{j=2}^{m} \frac{1}{\lambda_j}}$$

$$\cdot \left[\prod_{j=2}^{m} \left(\sum_{s=1}^{n} \sum_{r=1}^{n} a_{s1}^{\lambda_1} a_{rj}^{\lambda_j} \right)^{\frac{1}{\lambda_j}} \right] \left[\prod_{j=2}^{m} \left(\sum_{s=1}^{n} \sum_{r=1}^{n} a_{sj}^{\lambda_j} a_{r1}^{\lambda_1} \right)^{\frac{1}{\lambda_j}} \right]$$

$$= n^{2-2t} \left(\sum_{r=1}^{n} a_{r1}^{\lambda_1} \right)^{\frac{2}{\lambda_1} - \sum_{j=2}^{m} \frac{2}{\lambda_j}}$$

$$\cdot \left\{ \prod_{j=2}^{m} \left[\left(\sum_{s=1}^{n} \sum_{r=1}^{n} a_{s1}^{\lambda_1} a_{rj}^{\lambda_j} \right) \left(\sum_{s=1}^{n} \sum_{r=1}^{n} a_{sj}^{\lambda_j} a_{r1}^{\lambda_1} \right) \right]^{\frac{1}{\lambda_j}} \right\}$$

$$= n^{2-2t} \left(\sum_{r=1}^{n} a_{r1}^{\lambda_1} \right)^{\frac{2}{\lambda_1} - \sum_{j=2}^{m} \frac{2}{\lambda_j}}$$

$$\cdot \left\{ \prod_{j=2}^{m} \left[\left(\sum_{s=1}^{n} a_{s1}^{\lambda_1} \right) \left(\sum_{r=1}^{n} a_{rj}^{\lambda_j} \right) \left(\sum_{s=1}^{n} a_{sj}^{\lambda_j} \right) \left(\sum_{r=1}^{n} a_{r1}^{\lambda_1} \right) \right]^{\frac{1}{\lambda_j}} \right\}$$

$$= n^{2-2t} \prod_{j=1}^{m} \left(\sum_{r=1}^{n} a_{rj}^{\lambda_j} \right)^{\frac{2}{\lambda_j}}. \tag{1.21}$$

联合不等式(1.20)和(1.21)立刻可得我们要证的不等式(1.18).

(3) 当 $\lambda_1 > 0$ 并且 $\sum_{j=1}^{m} \frac{1}{\lambda_j} \le 1$ 时, 很显然不等式(1.18)就是不等式 (1.16). □

定理 1.13[40] 设 $a_{rj} > 0 \ (r = 1, 2, \cdots, n, \ j = 1, 2, \cdots, m)$, $\lambda_j > 0 \ (j = 1, 2, \cdots, m)$, 并且 $\gamma = \min \left\{ \sum_{j=1}^{m} \frac{1}{\lambda_j}, 1 \right\}$, 则有

$$\sum_{r=1}^{n} \prod_{j=1}^{m} a_{rj} \le n^{1-\gamma} \prod_{j=1}^{m} \left(\sum_{r=1}^{n} a_{rj}^{\lambda_j} \right)^{\frac{1}{\lambda_j}}. \tag{1.22}$$

证 定理 1.13 的证明类似于定理 1.12 的证明, 在此省略.   □
接下来, 我们给出 Minkowski 不等式的推广:

定理 1.14[29] 设 $f_i(x) \ge 0 \ (i = 1, 2, \cdots, n)$. 若 $p > 1$, 则

$$\left[\int \left(\sum_{i=1}^{n} f_i(x) \right)^p \mathrm{d}x \right]^{\frac{1}{p}} \le \sum_{i=1}^{n} \left(\int f_i^p(x) \mathrm{d}x \right)^{\frac{1}{p}}; \tag{1.23}$$

若 $0 < p < 1$, 则有反向不等式

$$\left[\int \left(\sum_{i=1}^{n} f_i(x) \right)^p \mathrm{d}x \right]^{\frac{1}{p}} \geq \sum_{i=1}^{n} \left(\int f_i^p(x) \mathrm{d}x \right)^{\frac{1}{p}}. \tag{1.24}$$

上述推广的 Minkowski 不等式的伴随形式不等式如下:

定理 1.15[29] 设 $f_i(x) \geq 0 \ (i = 1, 2, \cdots, n)$. 若 $p > 1$, 则

$$\int \left(\sum_{i=1}^{n} f_i(x) \right)^p \mathrm{d}x \geq \sum_{i=1}^{n} \int f_i^p(x) \mathrm{d}x; \tag{1.25}$$

若 $0 < p < 1$, 则有反向不等式

$$\int \left(\sum_{i=1}^{n} f_i(x) \right)^p \mathrm{d}x \leq \sum_{i=1}^{n} \int f_i^p(x) \mathrm{d}x. \tag{1.26}$$

第2章
胡克不等式及其推广

在这一章中, 我们主要介绍胡克不等式以及它的三种推广, 这三种推广包括: 条件的弱化、维数的增加以及该不等式的复数形式. 此外, 由这些推广我们还得到了推广的 Hölder 不等式的一些有意义的改进.

2.1　胡克不等式

众所周知, Hölder 不等式是数学很多领域的重要基石, 是深入解决问题的桥梁. 自从 Hölder 给出这个不等式以来, 对它的研究就没有中断过. 著名数学家 Hardy 等在其名著 [22] 中再三强调 Hölder 不等式 "极为重要" 和 "到处都要用到", 这个不等式和 Minkowski 不等式、算术平均与几何平均不等式构成了文献中前面 6 章的主题, 占了全书一半以上的篇幅. 一百多年来, 出现了大量的关于这个不等式的改进、推广以及应用的文献.

尽管 Hölder 不等式在数学的很多领域有着重要的应用, 但是有些问题用 Hölder 不等式估计时往往得不到较为精确的刻画. 例如, 设

$$a_{2k-1} = b_{2k} = 0, \ a_{2k} = b_{2k-1} = 1, \quad k = 1, 2, \cdots, N, \ n = 2N,$$

显然 $\sum\limits_{i=1}^{n} a_i b_i = 0$, 而此时 Hölder 不等式(1.2)的右端为 N, 与 0 相差较大.

基于此, 我国数学家胡克于 1981 年在《中国科学》上给出了 Hölder 不等式的一个如下的新的改进. 在此, 我们称之为**胡克不等式**.

8

定理 2.1[1]　设 $A_r, B_r \geq 0$, $1 - e_r + e_s \geq 0$ $(r, s = 1, 2, \cdots)$. 如果 $q \geq p > 0$,
$\dfrac{1}{p} + \dfrac{1}{q} = 1$, 则有

$$\sum_r A_r B_r \leq \left(\sum_r A_r^p \right)^{\frac{1}{p} - \frac{1}{q}} \left\{ \left[\left(\sum_r A_r^p \right) \left(\sum_r B_r^q \right) \right]^2 \right.$$

$$\left. - \left[\left(\sum_r A_r^p e_r \right) \left(\sum_r B_r^q \right) - \left(\sum_r A_r^p \right) \left(\sum_r B_r^q e_r \right) \right]^2 \right\}^{\frac{1}{2q}}.$$

$$(2.1)$$

证　下面分两种情况对这个定理进行证明.

(1) 当 $q > p > 0$, $\dfrac{1}{p} + \dfrac{1}{q} = 1$ 时, 经过一些简单的运算, 有

$$\sum_r A_r B_r \sum_s A_s B_s (1 - e_r + e_s)$$

$$= \sum_s \sum_r A_r B_r A_s B_s - \sum_s \sum_r A_r B_r A_s B_s e_r + \sum_s \sum_r A_r B_r A_s B_s e_s$$

$$= \left(\sum_r A_r B_r \right)^2. \tag{2.2}$$

考虑到推广的 Hölder 不等式(1.15), 有

$$\sum_r A_r B_r \sum_s A_s B_s (1 - e_r + e_s)$$

$$= \sum_r A_r B_r \sum_s A_s B_s (1 - e_r + e_s)^{\frac{1}{p} + \frac{1}{q}}$$

$$\leq \sum_r A_r B_r \left(\sum_s A_s^p (1 - e_r + e_s) \right)^{\frac{1}{p}} \left(\sum_s B_s^q (1 - e_r + e_s) \right)^{\frac{1}{q}}$$

$$= \sum_r \left[\left(\sum_s A_r^p A_s^p (1 - e_r + e_s) \right)^{\frac{1}{p} - \frac{1}{q}} \left(\sum_s A_r^p B_s^q (1 - e_r + e_s) \right)^{\frac{1}{q}} \right.$$

$$\left. \cdot \left(\sum_s B_r^q A_s^p (1 - e_r + e_s) \right)^{\frac{1}{q}} \right]. \tag{2.3}$$

由于 $\left(\dfrac{1}{p} - \dfrac{1}{q} \right) + \dfrac{1}{q} + \dfrac{1}{q} = 1$, 进而在不等式 (2.3) 的右端利用不等式
(1.15), 可得

$$\sum_r A_r B_r \sum_s A_s B_s (1 - e_r + e_s)$$

$$\leq \left(\sum_r \sum_s A_r^p A_s^p (1 - e_r + e_s) \right)^{\frac{1}{p} - \frac{1}{q}} \left(\sum_r \sum_s A_r^p B_s^q (1 - e_r + e_s) \right)^{\frac{1}{q}}$$

$$\cdot \left(\sum_r \sum_s B_r^q A_s^p (1 - e_r + e_s) \right)^{\frac{1}{q}}$$

$$= \left(\sum_r A_r^p \right)^{\frac{2}{p} - \frac{2}{q}} \left[\left(\sum_r A_r^p \sum_{s=1}^n B_s^q - \sum_r A_r^p e_r \sum_{s=1}^n B_s^q + \sum_r A_r^p \sum_s B_s^q e_s \right) \right.$$

$$\left. \cdot \left(\sum_r B_r^q \sum_s A_s^p - \sum_r B_r^q e_r \sum_s A_s^p + \sum_r B_r^q \sum_s A_s^p e_s \right) \right]^{\frac{1}{q}}$$

$$= \left(\sum_r A_r^p \right)^{\frac{2}{p} - \frac{2}{q}} \left\{ \left[\left(\sum_r A_r^p \right) \left(\sum_r B_r^q \right) \right]^2 \right.$$

$$\left. - \left[\left(\sum_r A_r^p e_r \right) \left(\sum_r B_r^q \right) - \left(\sum_r A_r^p \right) \left(\sum_r B_r^q e_r \right) \right]^2 \right\}^{\frac{1}{q}}. \tag{2.4}$$

联合不等式(2.2)和(2.4), 立刻得到要证的不等式(2.1).

(2) 当 $p = q$ 时定理是显然的. $\qquad\qquad\qquad\qquad\qquad\qquad \square$

评注 2.1　接下来我们看看本章开始时举的特例:

$$a_{2k-1} = b_{2k} = 0, \ a_{2k} = b_{2k-1} = 1, \quad k = 1, 2, \cdots, N, \ n = 2N.$$

如果在(2.1)中取 $e_{2k-1} = 0$, $e_{2k} = 1$, $k = 1, 2, \cdots, N$, 则由(2.1)可得
$0 \leq 0$. 可见, 不等式(2.1)较 Hölder 不等式刻画这个问题更为精细.

由定理 2.1 和定理 1.8, 很容易得到 Hölder 不等式的如下改进形式:

推论 2.1　设 $A_r > 0$, $B_r > 0$ $(r = 1, 2, \cdots)$, $1 - e_r + e_s \geq 0$ $(r, s = 1, 2, \cdots)$,

并且 $q \geq p > 0$, $\frac{1}{p} + \frac{1}{q} = 1$, 则有

$$\sum_r A_r B_r \leq \left(\sum_r A_r^p \right)^{\frac{1}{p}} \left(\sum_r B_r^q \right)^{\frac{1}{q}} \left[1 - \frac{1}{2q} \left(\frac{\sum\limits_r B_r^q e_r}{\sum\limits_r B_r^q} - \frac{\sum\limits_r A_r^p e_r}{\sum\limits_r A_r^p} \right)^2 \right].$$

$$\tag{2.5}$$

按照类似的证明思路, 我们可以有如下的积分型胡克不等式:

定理 2.2[1]　设 $f(x), g(x) \geq 0$, $f^p(x), g^q(x)$ 是可积函数, $1 - e(x) + e(y) \geq 0$. 如果 $q \geq p > 0$, $\dfrac{1}{p} + \dfrac{1}{q} = 1$, 则

$$\int f(x)g(x)\mathrm{d}x \leq \left(\int f^p(x)\mathrm{d}x \right)^{\frac{1}{p} - \frac{1}{q}} \left[\left(\int f^p(x)\mathrm{d}x \int g^q(x)\mathrm{d}x \right)^2 \right.$$
$$- \left(\int f^p(x)e(x)\mathrm{d}x \int g^q(x)\mathrm{d}x \right.$$
$$\left. \left. - \int f^p(x)\mathrm{d}x \int g^q(x)e(x)\mathrm{d}x \right)^2 \right]^{\frac{1}{2q}}. \tag{2.6}$$

由定理 2.2 易得如下形式的 Hölder 不等式的改进:

推论 2.2　设 $f(x), g(x) \geq 0$, $f^p(x), g^q(x)$ 是可积函数, $1 - e(x) + e(y) \geq 0$. 如果 $q \geq p > 0$, $\dfrac{1}{p} + \dfrac{1}{q} = 1$, 则

$$\int f(x)g(x)\mathrm{d}x \leq \left(\int f^p(x)\mathrm{d}x \right)^{\frac{1}{p}} \left(\int g^q(x)\mathrm{d}x \right)^{\frac{1}{q}}$$
$$\cdot \left[1 - \frac{1}{2q} \left(\frac{\int f^p(x)e(x)\mathrm{d}x}{\int f^p(x)\mathrm{d}x} - \frac{\int g^q(x)e(x)\mathrm{d}x}{\int g^q(x)\mathrm{d}x} \right)^2 \right]. \tag{2.7}$$

2.2　胡克不等式的第一种推广

胡克不等式有很多有意义的推广, 在此, 我们先来介绍它的第一种推广, 也就是限制条件弱化的推广. 此外, 由该推广我们很容易得到经典的 Hölder 不等式的推广和一种有意义的改进.

定理 2.3[41]　设 $A_r \geq 0$, $B_r > 0$ $(r = 1, 2, \cdots, n)$, $1 - e_r + e_s \geq 0$ $(r, s = 1,$

$2, \cdots, n)$, 并且设 $p \geq q > 0$, $\rho = \min \left\{ \dfrac{1}{p} + \dfrac{1}{q}, 1 \right\}$, 则有

$$\sum_{r=1}^{n} A_r B_r \leq n^{1-\rho} \left(\sum_{r=1}^{n} A_r^p \right)^{\frac{1}{p} - \frac{1}{q}} \left\{ \left[\left(\sum_{r=1}^{n} A_r^p \right) \left(\sum_{r=1}^{n} B_r^q \right) \right]^2 \right.$$

$$\left. - \left[\left(\sum_{r=1}^{n} A_r^p e_r \right) \left(\sum_{r=1}^{n} B_r^q \right) - \left(\sum_{r=1}^{n} A_r^p \right) \left(\sum_{r=1}^{n} B_r^q e_r \right) \right]^2 \right\}^{\frac{1}{2q}}. \tag{2.8}$$

证 我们分两种情况对这个定理进行证明.

(1) 当 $\dfrac{1}{p} + \dfrac{1}{q} \geq 1$ 时, 由不等式(1.13)可得

$$\sum_{r=1}^{n} A_r B_r \sum_{s=1}^{n} A_s B_s (1 - e_r + e_s)^{\frac{1}{p} + \frac{1}{q}}$$

$$= \sum_{r=1}^{n} \sum_{s=1}^{n} A_r B_r A_s B_s (1 - e_r + e_s)^{\frac{1}{p} + \frac{1}{q}}$$

$$\geq \left(\sum_{r=1}^{n} \sum_{s=1}^{n} A_r B_r A_s B_s \right)^{1 - \frac{1}{p} - \frac{1}{q}}$$

$$\cdot \left(\sum_{r=1}^{n} \sum_{s=1}^{n} A_r B_r A_s B_s (1 - e_r + e_s) \right)^{\frac{1}{p} + \frac{1}{q}}$$

$$= \left(\sum_{r=1}^{n} \sum_{s=1}^{n} A_r B_r A_s B_s \right)^{1 - \frac{1}{p} - \frac{1}{q}} \left(\sum_{r=1}^{n} \sum_{s=1}^{n} A_r B_r A_s B_s \right.$$

$$\left. - \sum_{r=1}^{n} \sum_{s=1}^{n} A_r B_r A_s B_s e_r + \sum_{r=1}^{n} \sum_{s=1}^{n} A_r B_r A_s B_s e_s \right)^{\frac{1}{p} + \frac{1}{q}}$$

$$= \left(\sum_{r=1}^{n} \sum_{s=1}^{n} A_r B_r A_s B_s \right)^{1 - \frac{1}{p} - \frac{1}{q}} \left(\sum_{r=1}^{n} \sum_{s=1}^{n} A_r B_r A_s B_s \right)^{\frac{1}{p} + \frac{1}{q}}$$

$$= \sum_{r=1}^{n} \sum_{s=1}^{n} A_r B_r A_s B_s$$

$$= \left(\sum_{r=1}^{n} A_r B_r \right)^2. \tag{2.9}$$

考虑到推广的 Hölder 不等式(1.15), 有

$$\sum_{r=1}^{n} A_r B_r \sum_{s=1}^{n} A_s B_s (1 - e_r + e_s)^{\frac{1}{p} + \frac{1}{q}}$$

$$\leq \sum_{r=1}^{n} A_r B_r \left(\sum_{s=1}^{n} A_s^p (1 - e_r + e_s) \right)^{\frac{1}{p}} \left(\sum_{s=1}^{n} B_s^q (1 - e_r + e_s) \right)^{\frac{1}{q}}$$

$$= \sum_{r=1}^{n} \left[\left(\sum_{s=1}^{n} A_r^p A_s^p (1 - e_r + e_s) \right)^{\frac{1}{p} - \frac{1}{q}} \left(\sum_{s=1}^{n} A_r^p B_s^q (1 - e_r + e_s) \right)^{\frac{1}{q}} \right.$$

$$\left. \cdot \left(\sum_{s=1}^{n} B_r^q A_s^p (1 - e_r + e_s) \right)^{\frac{1}{q}} \right]. \tag{2.10}$$

由于 $\left(\dfrac{1}{p} - \dfrac{1}{q} \right) + \dfrac{1}{q} + \dfrac{1}{q} \geq 1$, 进而在不等式(2.10)的右端利用不等式(1.15)可得

$$\sum_{r=1}^{n} A_r B_r \sum_{s=1}^{n} A_s B_s (1 - e_r + e_s)^{\frac{1}{p} + \frac{1}{q}}$$

$$\leq \left(\sum_{r=1}^{n} \sum_{s=1}^{n} A_r^p A_s^p (1 - e_r + e_s) \right)^{\frac{1}{p} - \frac{1}{q}} \left(\sum_{r=1}^{n} \sum_{s=1}^{n} A_r^p B_s^q (1 - e_r + e_s) \right)^{\frac{1}{q}}$$

$$\cdot \left(\sum_{r=1}^{n} \sum_{s=1}^{n} B_r^q A_s^p (1 - e_r + e_s) \right)^{\frac{1}{q}}$$

$$= \left(\sum_{r=1}^{n} A_r^p \right)^{\frac{2}{p} - \frac{2}{q}} \left[\left(\sum_{r=1}^{n} A_r^p \sum_{s=1}^{n} B_s^q - \sum_{r=1}^{n} A_r^p e_r \sum_{s=1}^{n} B_s^q + \sum_{r=1}^{n} A_r^p \sum_{s=1}^{n} B_s^q e_s \right) \right.$$

$$\left. \cdot \left(\sum_{r=1}^{n} B_r^q \sum_{s=1}^{n} A_s^p - \sum_{r=1}^{n} B_r^q e_r \sum_{s=1}^{n} A_s^p + \sum_{r=1}^{n} B_r^q \sum_{s=1}^{n} A_s^p e_s \right) \right]^{\frac{1}{q}}$$

$$= \left(\sum_{r=1}^{n} A_r^p \right)^{\frac{2}{p} - \frac{2}{q}} \left\{ \left[\left(\sum_{r=1}^{n} A_r^p \right) \left(\sum_{r=1}^{n} B_r^q \right) \right]^2 \right.$$

$$\left. - \left[\left(\sum_{r=1}^{n} A_r^p e_r \right) \left(\sum_{r=1}^{n} B_r^q \right) - \left(\sum_{r=1}^{n} A_r^p \right) \left(\sum_{r=1}^{n} B_r^q e_r \right) \right]^2 \right\}^{\frac{1}{q}}. \tag{2.11}$$

联合不等式(2.9)和(2.11)立刻得到要证的不等式(2.8).

(2) 当 $\dfrac{1}{p} + \dfrac{1}{q} < 1$ 时, 设 $\dfrac{1}{p} + \dfrac{1}{q} = t \ (0 < t < 1)$, 则 $\dfrac{1}{pt} + \dfrac{1}{qt} = 1$. 一方面,经过一些简单的运算, 有

$$\sum_{r=1}^{n} A_r B_r \sum_{s=1}^{n} A_s B_s (1 - e_r + e_s)$$

$$= \sum_{s=1}^{n} \sum_{r=1}^{n} A_r B_r A_s B_s - \sum_{s=1}^{n} \sum_{r=1}^{n} A_r B_r A_s B_s e_r$$

$$+ \sum_{s=1}^{n} \sum_{r=1}^{n} A_r B_r A_s B_s e_s$$

$$= \left(\sum_{k=1}^{n} A_k B_k \right)^2. \tag{2.12}$$

另一方面, 由 Hölder 不等式和(1.15), 有

$$\sum_{r=1}^{n} A_r B_r \sum_{s=1}^{n} A_s B_s (1 - e_r + e_s)$$

$$= \sum_{r=1}^{n} A_r B_r \sum_{s=1}^{n} A_s B_s (1 - e_r + e_s)^{\frac{1}{pt} + \frac{1}{qt}}$$

$$\leq \sum_{r=1}^{n} A_r B_r \left[\left(\sum_{s=1}^{n} A_s^{pt} (1 - e_r + e_s) \right)^{\frac{1}{pt}} \right.$$

$$\left. \cdot \left(\sum_{s=1}^{n} B_s^{qt} (1 - e_r + e_s) \right)^{\frac{1}{qt}} \right]$$

$$= \sum_{r=1}^{n} \left[\left(\sum_{s=1}^{n} A_r^{pt} A_s^{pt} (1 - e_r + e_s) \right)^{\frac{1}{pt} - \frac{1}{qt}} \right.$$

$$\cdot \left(\sum_{s=1}^{n} B_r^{qt} A_s^{pt} (1 - e_r + e_s) \right)^{\frac{1}{qt}}$$

$$\left. \cdot \left(\sum_{s=1}^{n} A_r^{pt} B_s^{qt} (1 - e_r + e_s) \right)^{\frac{1}{qt}} \right]$$

$$\leq \left(\sum_{r=1}^{n} \sum_{s=1}^{n} A_r^{pt} A_s^{pt} (1 - e_r + e_s) \right)^{\frac{1}{pt} - \frac{1}{qt}}$$

$$\cdot \left(\sum_{r=1}^{n} \sum_{s=1}^{n} B_r^{qt} A_s^{pt} (1 - e_r + e_s) \right)^{\frac{1}{qt}}$$

$$\cdot \left(\sum_{r=1}^{n} \sum_{s=1}^{n} A_r^{pt} B_s^{qt} (1 - e_r + e_s) \right)^{\frac{1}{qt}}. \tag{2.13}$$

此外, 考虑到 $0 < t < 1$, 利用定理 1.9, 可得

$$\left(\sum_{r=1}^{n} \sum_{s=1}^{n} A_r^{pt} A_s^{pt} (1 - e_r + e_s) \right)^{\frac{1}{pt} - \frac{1}{qt}} \left(\sum_{r=1}^{n} \sum_{s=1}^{n} B_r^{qt} A_s^{pt} (1 - e_r + e_s) \right)^{\frac{1}{qt}}$$

$$\cdot \left(\sum_{r=1}^{n} \sum_{s=1}^{n} A_r^{pt} B_s^{qt} (1 - e_r + e_s) \right)^{\frac{1}{qt}}$$

$$\leq \left(\sum_{r=1}^{n} \sum_{s=1}^{n} (1 - e_r + e_s) \right)^{(1-t)\left(\frac{1}{pt} - \frac{1}{qt}\right)}$$

$$\cdot \left(\sum_{r=1}^{n} \sum_{s=1}^{n} A_r^{p} A_s^{p} (1 - e_r + e_s) \right)^{\frac{1}{p} - \frac{1}{q}} \left(\sum_{r=1}^{n} \sum_{s=1}^{n} (1 - e_r + e_s) \right)^{\frac{1-t}{qt}}$$

$$\cdot \left(\sum_{r=1}^{n} \sum_{s=1}^{n} B_r^{q} A_s^{p} (1 - e_r + e_s) \right)^{\frac{1}{q}} \left(\sum_{r=1}^{n} \sum_{s=1}^{n} (1 - e_r + e_s) \right)^{\frac{1-t}{qt}}$$

$$\cdot \left(\sum_{r=1}^{n} \sum_{s=1}^{n} A_r^{p} B_s^{q} (1 - e_r + e_s) \right)^{\frac{1}{q}}$$

$$= \left(\sum_{r=1}^{n} \sum_{s=1}^{n} (1 - e_r + e_s) \right)^{1-t} \left(\sum_{r=1}^{n} \sum_{s=1}^{n} A_r^{p} A_s^{p} (1 - e_r + e_s) \right)^{\frac{1}{p} - \frac{1}{q}}$$

$$\cdot \left(\sum_{r=1}^{n} \sum_{s=1}^{n} B_r^{q} A_s^{p} (1 - e_r + e_s) \right)^{\frac{1}{q}}$$

$$\cdot \left(\sum_{r=1}^{n} \sum_{s=1}^{n} A_r^{p} B_s^{q} (1 - e_r + e_s) \right)^{\frac{1}{q}}$$

$$= n^{2-2t} \left(\sum_{r=1}^{n} A_r^{p} \right)^{\frac{2}{p} - \frac{2}{q}}$$

$$\cdot \left(\sum_{r=1}^{n} B_r^{q} \sum_{s=1}^{n} A_s^{p} - \sum_{r=1}^{n} B_r^{q} e_r \sum_{s=1}^{n} A_s^{p} + \sum_{r=1}^{n} B_r^{q} \sum_{s=1}^{n} A_s^{p} e_s \right)^{\frac{1}{q}}$$

$$\cdot \left(\sum_{r=1}^{n} A_r^{p} \sum_{s=1}^{n} B_s^{q} - \sum_{r=1}^{n} A_r^{p} e_r \sum_{s=1}^{n} B_s^{q} + \sum_{r=1}^{n} A_r^{p} \sum_{s=1}^{n} B_s^{q} e_s \right)^{\frac{1}{q}}$$

$$= n^{2\left(1 - \frac{1}{p} - \frac{1}{q}\right)} \left(\sum_{r=1}^{n} A_r^{p} \right)^{\frac{2}{p} - \frac{2}{q}} \left\{ \left[\left(\sum_{r=1}^{n} A_r^{p} \right) \left(\sum_{r=1}^{n} B_r^{q} \right) \right]^{2} \right.$$

$$\left. - \left[\left(\sum_{r=1}^{n} A_r^{p} e_r \right) \left(\sum_{r=1}^{n} B_r^{q} \right) - \left(\sum_{r=1}^{n} A_r^{p} \right) \left(\sum_{r=1}^{n} B_r^{q} e_r \right) \right]^{2} \right\}^{\frac{1}{q}}. \quad (2.14)$$

联合不等式(2.12), (2.13)和(2.14), 立刻得到要证的不等式(2.8). □

利用定理 2.3 和定理 1.8, 很容易得到 Hölder 不等式的如下改进形式:

推论 2.3 设 $A_r, B_r > 0$ $(r = 1, 2, \cdots, n)$, $1 - e_r + e_s \geq 0$ $(r, s = 1, 2, \cdots, n)$, 并且 $p \geq q > 0$, $\rho = \min\left\{\dfrac{1}{p} + \dfrac{1}{q}, 1\right\}$, 则有

$$
\sum_{r=1}^{n} A_r B_r \leq n^{1-\rho} \left(\sum_{r=1}^{n} A_r^p\right)^{\frac{1}{p}} \left(\sum_{r=1}^{n} B_r^q\right)^{\frac{1}{q}}
$$

$$
\cdot \left[1 - \frac{1}{2q}\left(\frac{\sum\limits_{r=1}^{n} B_r^q e_r}{\sum\limits_{k=1}^{n} B_r^q} - \frac{\sum\limits_{r=1}^{n} A_r^p e_r}{\sum\limits_{r=1}^{n} A_r^p}\right)^2\right]. \tag{2.15}
$$

接下来我们给出积分型胡克不等式的第一种推广.

定理 2.4[41] 设 $f(x), g(x), e(x)$ 是定义在 $[a, b]$ 上的可积函数, 并且 $f(x) \geq 0$, $g(x) > 0$, $1 - e(x) + e(y) \geq 0$. 如果 $p \geq q > 0$, $\dfrac{1}{p} + \dfrac{1}{q} \leq 1$, 则

$$
\int_a^b f(x)g(x)\mathrm{d}x
$$

$$
\leq (b-a)^{1-\frac{1}{p}-\frac{1}{q}} \left(\int_a^b f^p(x)\mathrm{d}x\right)^{\frac{1}{p}-\frac{1}{q}} \left[\left(\int_a^b f^p(x)\mathrm{d}x \int_a^b g^q(x)\mathrm{d}x\right)^2\right.
$$

$$
\left. - \left(\int_a^b f^p(x)e(x)\mathrm{d}x \int_a^b g^q(x)\mathrm{d}x - \int_a^b f^p(x)\mathrm{d}x \int_a^b g^q(x)e(x)\mathrm{d}x\right)^2\right]^{\frac{1}{2q}}. \tag{2.16}
$$

证 对于任意的正整数 n, 我们对区间 $[a, b]$ 进行 n 等分:

$$
a < a + \frac{b-a}{n} < \cdots < a + \frac{b-a}{n}k < \cdots < a + \frac{b-a}{n}(n-1) < b,
$$

$$
x_k = a + \frac{b-a}{n}k, \ \Delta x_k = \frac{b-a}{n}, \quad k = 0, 1, 2, \cdots, n.
$$

由定理 2.3 可得

$$\sum_{k=1}^{n} f(x_k)g(x_k) \leq n^{1-\frac{1}{p}-\frac{1}{q}} \left(\sum_{k=1}^{n} f^p(x_k) \right)^{\frac{1}{p}-\frac{1}{q}} \left\{ \left[\left(\sum_{k=1}^{n} f^p(x_k) \right) \left(\sum_{k=1}^{n} g^q(x_k) \right) \right]^2 \right.$$
$$- \left[\left(\sum_{k=1}^{n} f^p(x_k)e(x_k) \right) \left(\sum_{k=1}^{n} g^q(x_k) \right) \right.$$
$$\left. \left. - \left(\sum_{k=1}^{n} f^p(x_k) \right) \left(\sum_{k=1}^{n} g^q(x_k)e(x_k) \right) \right]^2 \right\}^{\frac{1}{2q}}, \tag{2.17}$$

也就是

$$\sum_{k=1}^{n} f(x_k)g(x_k)\frac{b-a}{n} \leq (b-a)^{1-\frac{1}{p}-\frac{1}{q}} \left(\sum_{k=1}^{n} f^p(x_k)\frac{b-a}{n} \right)^{\frac{1}{p}-\frac{1}{q}}$$
$$\cdot \left\{ \left[\left(\sum_{k=1}^{n} f^p(x_k)\frac{b-a}{n} \right) \left(\sum_{k=1}^{n} g^q(x_k)\frac{b-a}{n} \right) \right]^2 \right.$$
$$- \left[\left(\sum_{k=1}^{n} f^p(x_k)e(x_k)\frac{b-a}{n} \right) \left(\sum_{k=1}^{n} g^q(x_k)\frac{b-a}{n} \right) \right.$$
$$\left. \left. - \left(\sum_{k=1}^{n} f^p(x_k)\frac{b-a}{n} \right) \left(\sum_{k=1}^{n} g^q(x_k)e(x_k)\frac{b-a}{n} \right) \right]^2 \right\}^{\frac{1}{2q}}.$$
$$\tag{2.18}$$

因为 $f(x), g(x), e(x)$ 在 $[a,b]$ 上是正的黎曼可积函数, 于是 $f^p(x), g^q(x)$, $g^q(x)e(x)$ 在 $[a,b]$ 也是可积的. 对不等式(2.18)两端令 $n \to \infty$, 则有不等式(2.16)成立. □

由定理 2.4 易得如下形式的 Hölder 不等式的改进:

推论 2.4　设 $f(x), g(x), e(x)$ 是定义在 $[a,b]$ 上的可积函数, 并且$f(x) \geq 0$, $g(x) > 0$, $1 - e(x) + e(y) \geq 0$. 如果 $p \geq q > 0$, $\dfrac{1}{p} + \dfrac{1}{q} \leq 1$, 则

$$\int_a^b f(x)g(x)\mathrm{d}x \leq (b-a)^{1-\frac{1}{p}-\frac{1}{q}} \left(\int_a^b f^p(x)\mathrm{d}x \right)^{\frac{1}{p}} \left(\int_a^b g^q(x)\mathrm{d}x \right)^{\frac{1}{q}}$$
$$\cdot \left[1 - \frac{1}{2q} \left(\frac{\int_a^b f^p(x)e(x)\mathrm{d}x}{\int_a^b f^p(x)\mathrm{d}x} - \frac{\int_a^b g^q(x)e(x)\mathrm{d}x}{\int_a^b g^q(x)\mathrm{d}x} \right)^2 \right].$$
$$\tag{2.19}$$

2.3 胡克不等式的第二种推广

这一节我们将给出胡克不等式在维数增加条件下的推广.

定理 2.5[32] 设 $A_{nj} \geq 0$, $\sum_n A_{nj}^{\lambda_j} < \infty$ $(j = 1, 2, \cdots, k)$, $\lambda_1 \geq \lambda_2 \geq \cdots \geq$

$\geq \lambda_k > 0$, $\sum_{j=1}^{k} \dfrac{1}{\lambda_j} = 1$, 并且 $1 - e_n + e_m \geq 0$, $\sum_n |e_n| < \infty$. 如果 k 是

偶数, 则有

$$
\sum_n \prod_{j=1}^{k} A_{nj} \leq \prod_{j=1}^{\frac{k}{2}} \left\{ \left(\sum_n A_{n(2j-1)}^{\lambda_{2j-1}} \right)^{\frac{1}{\lambda_{2j-1}} - \frac{1}{\lambda_{2j}}} \right.
$$

$$
\cdot \left[\left(\left(\sum_n A_{n(2j-1)}^{\lambda_{2j-1}} \right) \left(\sum_n A_{n(2j)}^{\lambda_{2j}} \right) \right)^2 \right.
$$

$$
- \left(\left(\sum_n A_{n(2j-1)}^{\lambda_{2j-1}} e_n \right) \left(\sum_n A_{n(2j)}^{\lambda_{2j}} \right) \right.
$$

$$
\left. \left. \left. - \left(\sum_n A_{n(2j-1)}^{\lambda_{2j-1}} \right) \left(\sum_n A_{n(2j)}^{\lambda_{2j}} e_n \right) \right)^2 \right]^{\frac{1}{2\lambda_{2j}}} \right\}; \qquad (2.20)
$$

如果 k 是奇数, 则有

$$
\sum_n \prod_{j=1}^{k} A_{nj} \leq \left(\sum_n A_{nk}^{\lambda_k} \right)^{\frac{1}{\lambda_k}} \cdot \prod_{j=1}^{\frac{k-1}{2}} \left\{ \left(\sum_n A_{n(2j-1)}^{\lambda_{2j-1}} \right)^{\frac{1}{\lambda_{2j-1}} - \frac{1}{\lambda_{2j}}} \right.
$$

$$
\cdot \left[\left(\left(\sum_n A_{n(2j-1)}^{\lambda_{2j-1}} \right) \left(\sum_n A_{n(2j)}^{\lambda_{2j}} \right) \right)^2 \right.
$$

$$
- \left(\left(\sum_n A_{n(2j-1)}^{\lambda_{2j-1}} e_n \right) \left(\sum_n A_{n(2j)}^{\lambda_{2j}} \right) \right.
$$

$$
\left. \left. \left. - \left(\sum_n A_{n(2j-1)}^{\lambda_{2j-1}} \right) \left(\sum_n A_{n(2j)}^{\lambda_{2j}} e_n \right) \right)^2 \right]^{\frac{1}{2\lambda_{2j}}} \right\}. \qquad (2.21)
$$

相应的积分形式如下：

定理 2.6[32] 设 $\lambda_1 \geq \lambda_2 \geq \cdots \geq \lambda_k > 0$, $\displaystyle\sum_{j=1}^{k} \frac{1}{\lambda_j} = 1$, 并且设 E 是可测集,

$F_j(x)$ 是非负可测函数, $\displaystyle\int_E F_j^{\lambda_j}(x)\mathrm{d}x < \infty$, $e(x)$ 是可测函数,

$1 - e(x) + e(y) \geq 0$. 如果 k 是偶数, 则有

$$
\int_E \prod_{j=1}^{k} F_j(x)\mathrm{d}x \leq \prod_{j=1}^{\frac{k}{2}} \left\{ \left(\int_E F_{2j-1}^{\lambda_{2j-1}}(x)\mathrm{d}x \right)^{\frac{1}{\lambda_{2j-1}} - \frac{1}{\lambda_{2j}}} \right.
$$
$$
\cdot \left[\left(\int_E F_{2j-1}^{\lambda_{2j-1}}(x)\mathrm{d}x \int_E F_{2j}^{\lambda_{2j}}(x)\mathrm{d}x \right)^2 \right.
$$
$$
- \left(\int_E F_{2j-1}^{\lambda_{2j-1}}(x)e(x)\mathrm{d}x \int_E F_{2j}^{\lambda_{2j}}(x)\mathrm{d}x \right.
$$
$$
\left. \left. \left. - \int_E F_{2j-1}^{\lambda_{2j-1}}(x)\mathrm{d}x \int_E F_{2j}^{\lambda_{2j}}(x)e(x)\mathrm{d}x \right)^2 \right]^{\frac{1}{2\lambda_{2j}}} \right\}; \quad (2.22)
$$

如果 k 是奇数, 则有

$$
\int_E \prod_{j=1}^{k} F_j(x)\mathrm{d}x \leq \left(\int_E F_k^{\lambda_k}(x)\mathrm{d}x \right)^{\frac{1}{\lambda_k}}
$$
$$
\prod_{j=1}^{\frac{k-1}{2}} \left\{ \left(\int_E F_{2j-1}^{\lambda_{2j-1}}(x)\mathrm{d}x \right)^{\frac{1}{\lambda_{2j-1}} - \frac{1}{\lambda_{2j}}} \right.
$$
$$
\cdot \left[\left(\int_E F_{2j-1}^{\lambda_{2j-1}}(x)\mathrm{d}x \int_E F_{2j}^{\lambda_{2j}}(x)\mathrm{d}x \right)^2 \right.
$$
$$
- \left(\int_E F_{2j-1}^{\lambda_{2j-1}}(x)e(x)\mathrm{d}x \int_E F_{2j}^{\lambda_{2j}}(x)\mathrm{d}x \right.
$$
$$
\left. \left. \left. - \int_E F_{2j-1}^{\lambda_{2j-1}}(x)\mathrm{d}x \int_E F_{2j}^{\lambda_{2j}}(x)e(x)\mathrm{d}x \right)^2 \right]^{\frac{1}{2\lambda_{2j}}} \right\}. \quad (2.23)
$$

证 这里仅仅给出离散形式的证明, 读者可以类似地给出积分形式的证明. 经过一些简单的运算, 我们有

$$\sum_n \Big(\prod_{j=1}^k A_{nj}\Big) \sum_m \Big(\prod_{i=1}^k A_{mi}\Big)(1 - e_n + e_m)$$

$$= \sum_n \sum_m \Big(\prod_{j=1}^k A_{nj}\Big)\Big(\prod_{i=1}^k A_{mi}\Big) - \sum_n \sum_m \Big(\prod_{j=1}^k A_{nj}\Big)\Big(\prod_{i=1}^k A_{mi}\Big)e_n$$

$$+ \sum_n \sum_m \Big(\prod_{j=1}^k A_{nj}\Big)\Big(\prod_{i=1}^k A_{mi}\Big)e_m$$

$$= \Big(\sum_n \prod_{j=1}^k A_{nj}\Big)^2. \tag{2.24}$$

这里我们分两种情况分别给出这个定理的证明.

(1) 当 k 是偶数时, 由不等式(1.15), 有

$$\sum_n \Big(\prod_{j=1}^k A_{nj}\Big) \sum_m \Big(\prod_{i=1}^k A_{mi}\Big)(1 - e_n + e_m)$$

$$= \sum_n \Big(\prod_{j=1}^k A_{nj}\Big) \sum_m \prod_{i=1}^k A_{mi}(1 - e_n + e_m)^{\frac{1}{\lambda_i}}$$

$$\leq \sum_n \Big(\prod_{j=1}^k A_{nj}\Big)\Big[\prod_{i=1}^k \Big(\sum_m A_{mi}^{\lambda_i}(1 - e_n + e_m)\Big)^{\frac{1}{\lambda_i}}\Big]$$

$$= \sum_n \Big\{\prod_{j=1}^{\frac{k}{2}} \Big[\Big(A_{n(2j-1)}^{\lambda_{2j-1}} \sum_m A_{m(2j-1)}^{\lambda_{2j-1}}(1 - e_n + e_m)\Big)^{\frac{1}{\lambda_{2j-1}} - \frac{1}{\lambda_{2j}}}$$

$$\cdot \Big(A_{n(2j-1)}^{\lambda_{2j-1}} \sum_m A_{m(2j)}^{\lambda_{2j}}(1 - e_n + e_m)\Big)^{\frac{1}{\lambda_{2j}}}$$

$$\cdot \Big(A_{n(2j)}^{\lambda_{2j}} \sum_m A_{m(2j-1)}^{\lambda_{2j-1}}(1 - e_n + e_m)\Big)^{\frac{1}{\lambda_{2j}}}\Big]\Big\}.$$

$$\tag{2.25}$$

考虑到

$$\Big(\frac{1}{\lambda_1} - \frac{1}{\lambda_2}\Big) + \frac{1}{\lambda_2} + \frac{1}{\lambda_2} + \Big(\frac{1}{\lambda_3} - \frac{1}{\lambda_4}\Big) + \frac{1}{\lambda_4} + \frac{1}{\lambda_4} + \cdots$$

$$+ \Big(\frac{1}{\lambda_{k-1}} - \frac{1}{\lambda_k}\Big) + \frac{1}{\lambda_k} + \frac{1}{\lambda_k} = 1,$$

从而对不等式(2.25)的右边利用(1.15), 有

$$\sum_n \left(\prod_{j=1}^{k} A_{nj} \right) \sum_m \left(\prod_{i=1}^{k} A_{mi} \right) (1 - e_n + e_m)$$

$$\leq \prod_{j=1}^{\frac{k}{2}} \left[\left(\sum_n A_{n(2j-1)}^{\lambda_{2j-1}} \sum_m A_{m(2j-1)}^{\lambda_{2j-1}} (1 - e_n + e_m) \right)^{\frac{1}{\lambda_{2j-1}} - \frac{1}{\lambda_{2j}}} \right.$$

$$\left. \cdot \left(\sum_n A_{n(2j-1)}^{\lambda_{2j-1}} \sum_m A_{m(2j)}^{\lambda_{2j}} (1 - e_n + e_m) \right)^{\frac{1}{\lambda_{2j}}} \right.$$

$$\left. \cdot \left(\sum_n A_{n(2j)}^{\lambda_{2j}} \sum_m A_{m(2j-1)}^{\lambda_{2j-1}} (1 - e_n + e_m) \right)^{\frac{1}{\lambda_{2j}}} \right]$$

$$= \prod_{j=1}^{\frac{k}{2}} \left\{ \left(\sum_n A_{n(2j-1)}^{\lambda_{2j-1}} \right)^{\frac{2}{\lambda_{2j-1}} - \frac{2}{\lambda_{2j}}} \right.$$

$$\cdot \left[\left(\sum_n \sum_m A_{n(2j-1)}^{\lambda_{2j-1}} A_{m(2j)}^{\lambda_{2j}} (1 - e_n + e_m) \right) \right.$$

$$\left. \left. \cdot \left(\sum_n \sum_m A_{n(2j)}^{\lambda_{2j}} A_{m(2j-1)}^{\lambda_{2j-1}} (1 - e_n + e_m) \right) \right]^{\frac{1}{\lambda_{2j}}} \right\}$$

$$= \prod_{j=1}^{\frac{k}{2}} \left\{ \left(\sum_n A_{n(2j-1)}^{\lambda_{2j-1}} \right)^{\frac{2}{\lambda_{2j-1}} - \frac{2}{\lambda_{2j}}} \left[\left(\sum_n A_{n(2j-1)}^{\lambda_{2j-1}} \sum_m A_{m(2j)}^{\lambda_{2j}} \right. \right. \right.$$

$$\left. - \sum_n A_{n(2j-1)}^{\lambda_{2j-1}} e_n \sum_m A_{m(2j)}^{\lambda_{2j}} + \sum_n A_{n(2j-1)}^{\lambda_{2j-1}} \sum_m A_{m(2j)}^{\lambda_{2j}} e_m \right)$$

$$\cdot \left(\sum_n A_{n(2j)}^{\lambda_{2j}} \sum_m A_{m(2j-1)}^{\lambda_{2j-1}} - \sum_n A_{n(2j)}^{\lambda_{2j}} e_n \sum_m A_{m(2j-1)}^{\lambda_{2j-1}} \right.$$

$$\left. \left. \left. + \sum_n A_{n(2j)}^{\lambda_{2j}} \sum_m A_{m(2j-1)}^{\lambda_{2j-1}} e_m \right) \right]^{\frac{1}{\lambda_{2j}}} \right\}$$

$$= \prod_{j=1}^{\frac{k}{2}} \left\{ \left(\sum_n A_{n(2j-1)}^{\lambda_{2j-1}} \right)^{\frac{2}{\lambda_{2j-1}} - \frac{2}{\lambda_{2j}}} \left[\left(\left(\sum_n A_{n(2j-1)}^{\lambda_{2j-1}} \right) \left(\sum_n A_{n(2j)}^{\lambda_{2j}} \right) \right)^2 \right. \right.$$

$$- \left(\left(\sum_n A_{n(2j-1)}^{\lambda_{2j-1}} e_n \right) \left(\sum_n A_{n(2j)}^{\lambda_{2j}} \right) \right.$$

$$\left. \left. \left. - \left(\sum_n A_{n(2j-1)}^{\lambda_{2j-1}} \right) \left(\sum_n A_{n(2j)}^{\lambda_{2j}} e_n \right) \right)^2 \right]^{\frac{1}{\lambda_{2j}}} \right\}. \tag{2.26}$$

由不等式(2.24)和(2.26)立刻得到我们要证的不等式(2.20).

(2) 当 k 是奇数时, 采用与(1)类似的方法易得不等式(2.21).　　　□

利用上述两个定理, 我们得到一般化的 Hölder 不等式的如下两种改进形式:

推论 2.5 设 $A_{nj} \geq 0$, $0 \neq \sum\limits_n A_{nj}^{\lambda_j} < \infty$ $(j = 1, 2, \cdots, k)$, $\lambda_1 \geq \lambda_2 \geq \cdots \geq \lambda_k > 0$, $\sum\limits_{j=1}^{k} \dfrac{1}{\lambda_j} = 1$, 并且 $1 - e_n + e_m \geq 0$, $\sum\limits_n |e_n| < \infty$, 则有

$$\sum_n \prod_{j=1}^{k} A_{nj} \leq \left[\prod_{j=1}^{k} \left(\sum_n A_{nj}^{\lambda_j} \right)^{\frac{1}{\lambda_j}} \right]$$

$$\cdot \left\{ \prod_{j=1}^{\rho(k)} \left[1 - \frac{1}{2\lambda_{2j}} \left(\frac{\sum\limits_n A_{n(2j-1)}^{\lambda_{2j-1}} e_n}{\sum\limits_n A_{n(2j-1)}^{\lambda_{2j-1}}} - \frac{\sum\limits_n A_{n(2j)}^{\lambda_{2j}} e_n}{\sum\limits_n A_{n(2j)}^{\lambda_{2j}}} \right)^2 \right] \right\},$$
(2.27)

其中 $\rho(k) = \begin{cases} \dfrac{k}{2}, & \text{若 } k \text{ 是偶数}, \\ \dfrac{k-1}{2}, & \text{若 } k \text{ 是奇数}. \end{cases}$

推论 2.6 设 $\lambda_1 \geq \lambda_2 \geq \cdots \geq \lambda_k > 0$, $\sum\limits_{j=1}^{k} \dfrac{1}{\lambda_j} = 1$, 并且设 E 是可测集, $F_j(x)$ 是非负可测函数, $0 \neq \int_E F_j^{\lambda_j}(x)\mathrm{d}x < \infty$, $e(x)$ 是可测函数, $1 - e(x) + e(y) \geq 0$, 则有

$$\int_E \prod_{j=1}^{k} F_j(x)\mathrm{d}x \leq \left[\prod_{j=1}^{k} \left(\int_E F_j^{\lambda_j}(x)\mathrm{d}x \right)^{\frac{1}{\lambda_j}} \right]$$

$$\cdot \left\{ \prod_{j=1}^{\rho(k)} \left[1 - \frac{1}{2\lambda_{2j}} \left(\frac{\int_E F_{2j-1}^{\lambda_{2j-1}}(x)e(x)\mathrm{d}x}{\int_E F_{2j-1}^{\lambda_{2j-1}}(x)\mathrm{d}x} - \frac{\int_E F_{2j}^{\lambda_{2j}}(x)e(x)\mathrm{d}x}{\int_E F_{2j}^{\lambda_{2j}}(x)\mathrm{d}x} \right)^2 \right] \right\},$$
(2.28)

其中　$\rho(k) = \begin{cases} \dfrac{k}{2}, & \text{若 } k \text{ 是偶数}, \\[2mm] \dfrac{k-1}{2}, & \text{若 } k \text{ 是奇数}. \end{cases}$

证　这里只给出推论 2.5 的证明. 推论 2.6 的证明类似. 由不等式 (2.20)和(2.21), 有

$$\sum_n \prod_{j=1}^{k} A_{nj} \le \left[\prod_{j=1}^{k} \left(\sum_n A_{nj}^{\lambda_j} \right)^{\frac{1}{\lambda_j}} \right]$$
$$\cdot \left\{ \prod_{j=1}^{\rho(k)} \left[1 - \left(\frac{\sum\limits_n A_{n(2j-1)}^{\lambda_{2j-1}} e_n}{\sum\limits_n A_{n(2j-1)}^{\lambda_{2j-1}}} - \frac{\sum\limits_n A_{n(2j)}^{\lambda_{2j}} e_n}{\sum\limits_n A_{n(2j)}^{\lambda_{2j}}} \right)^2 \right]^{\frac{1}{2\lambda_{2j}}} \right\}. \tag{2.29}$$

此外, 经过一些简单的运算, 可以得到

$$\left| \frac{\sum\limits_n A_{n(2j-1)}^{\lambda_{2j-1}} e_n}{\sum\limits_n A_{n(2j-1)}^{\lambda_{2j-1}}} - \frac{\sum\limits_n A_{n(2j)}^{\lambda_{2j}} e_n}{\sum\limits_n A_{n(2j)}^{\lambda_{2j}}} \right| < 1. \tag{2.30}$$

进而, 由定理 1.8、不等式(2.29)和(2.30), 我们得到要证的不等式(2.27).

$\square$

2.4　胡克不等式的第三种推广

在这一节中, 我们主要介绍胡克不等式的复数形式.

定理 2.7[13]　设 $a_k, b_k, c_k^{(i)}$ $(k, i = 1, 2, \cdots)$ 为复数, e_k 为实数. 设 $r, s > 0$, $p, q > 1$, $\dfrac{1}{p} + \dfrac{1}{q} = 1$. 记

$$(\boldsymbol{a}^r, \boldsymbol{b}^s) = \sum_{k=1}^{n} a_k^r \overline{b_k^s}, \ \|\boldsymbol{a}\|_p = \sum_{k=1}^{n} |a_k|^p, \ \|\boldsymbol{a}\|_2 = \|\boldsymbol{a}\|, \ (|\boldsymbol{x}|^p, \boldsymbol{e}) = \sum_{k=1}^{n} |x_k|^p e_k,$$

如果 $1 - e_k + e_m \geq 0$, 并且 $\|c^{(i)}\| = 1$, 则有

$$|(\boldsymbol{a}, \boldsymbol{b})| \leq \|\boldsymbol{a}\|_p^{\frac{1}{p}} \|\boldsymbol{b}\|_q^{\frac{1}{q}} \left(1 - \theta_{m,p}^{(2)}(\boldsymbol{a}, \boldsymbol{b}, \boldsymbol{c}, \boldsymbol{e})\right)^{\alpha(p)}, \tag{2.31}$$

其中, $\beta_p(\boldsymbol{a}, \boldsymbol{x}) = \dfrac{\left|(\boldsymbol{a}^{\frac{p}{2}}, \boldsymbol{x})\right|}{\|\boldsymbol{a}\|_p^{\frac{1}{2}}}$, $\lambda_p(\boldsymbol{a}, \boldsymbol{b}, \boldsymbol{e}) = \dfrac{(|\boldsymbol{a}|^p, \boldsymbol{e})}{\|\boldsymbol{a}\|_p} - \dfrac{(|\boldsymbol{b}|^q, \boldsymbol{e})}{\|\boldsymbol{b}\|_q}$, $\gamma_p(\boldsymbol{a}, \boldsymbol{b}, \boldsymbol{c}) =$

$s_p(\boldsymbol{a}, \boldsymbol{c}) - s_q(\boldsymbol{b}, \boldsymbol{c})$, $\alpha(p) = \min\left\{\dfrac{1}{p}, \dfrac{1}{q}\right\}$,

$$\theta_{m,p}^{(2)}(\boldsymbol{a}, \boldsymbol{b}, \boldsymbol{c}, \boldsymbol{e}) = \gamma_p^2(\boldsymbol{a}, \boldsymbol{b}, \boldsymbol{c}^{(m)}) + \sum_{i=1}^{m-1} \gamma_p^2(\boldsymbol{a}, \boldsymbol{b}, \boldsymbol{c}^{(i)}) \prod_{k=i+1}^{m} \beta_p(\boldsymbol{a}, \boldsymbol{c}^{(k)}) \beta_q(\boldsymbol{b}, \boldsymbol{c}^{(k)})$$

$$+ \frac{1}{2} \lambda_p^2(\boldsymbol{a}, \boldsymbol{b}, \boldsymbol{e}) \prod_{k=1}^{m} \beta_p(\boldsymbol{a}, \boldsymbol{c}^{(k)}) \beta_q(\boldsymbol{b}, \boldsymbol{c}^{(k)}).$$

当 $m = 1$ 时, 上式右边 $\sum$ 项为零. 当 $p \neq 2$ 时, $a_k, b_k \geq 0$; 当 $p = 2$ 时, a_k, b_k 可为复数.

特别地, 若 $\beta_p(\boldsymbol{a}, \boldsymbol{c}) \beta_q(\boldsymbol{b}, \boldsymbol{c}) < 1$, 则有

$$|(\boldsymbol{a}, \boldsymbol{b})| \leq \|\boldsymbol{a}\|_p^{\frac{1}{p}} \|\boldsymbol{b}\|_q^{\frac{1}{q}} \left[1 - \frac{1}{1 - \beta_p(\boldsymbol{a}, \boldsymbol{c}) \beta_q(\boldsymbol{b}, \boldsymbol{c})} \left(\beta_p(\boldsymbol{a}, \boldsymbol{c}) - \beta_q(\boldsymbol{b}, \boldsymbol{c})\right)^2\right]^{\alpha(p)}.$$

$$\tag{2.32}$$

相应的积分形式如下:

定理 2.8[13] 设 $f \in L^p(\alpha, \beta)$, $g \in L^q(\alpha, \beta)$, $1 - e(x) + e(y) \geq 0$, $\|c^{(i)}\| = 1$, 则

$$|(f, g)| \leq \|f\|_p^{\frac{1}{p}} \|g\|_q^{\frac{1}{q}} \left(1 - \theta_{m,p}^{(2)}(f, g, c, e)\right)^{\alpha(p)}, \tag{2.33}$$

其中, $\alpha(p) = \min\left\{\dfrac{1}{p}, \dfrac{1}{q}\right\}$, $(f^r, g^s) = \displaystyle\int_\alpha^\beta f^r(x)\overline{g^s(x)}\mathrm{d}x$, $\displaystyle\int_\alpha^\beta |f|^p \mathrm{d}x = \|f\|_p$,

$$\theta_{m,p}^{(2)}(f, g, c, e) = \gamma_p^2(f, g, c^{(m)}) + \sum_{i=1}^{m-1} \gamma_p^2(f, g, c^{(i)}) \prod_{k=i+1}^{m} \beta_p(f, c^{(k)}) \beta_q(g, c^{(k)})$$

$$+ \frac{1}{2} \lambda_p^2(f, g, e) \prod_{k=1}^{m} \beta_p(f, c^{(k)}) \beta_q(g, c^{(k)}).$$

当 $m = 1$ 时, 此式右边 $\sum$ 项为零. 当 $p \neq 2$ 时, $f, g \geq 0$; 当 $p = 2$ 时, f, g 为复数.

特别地, 若 $\beta_p(f,c)\beta_q(g,c) < 1$, 则有

$$|(f,g)| \leq \|f\|_p^{\frac{1}{p}} \|g\|_q^{\frac{1}{q}} \left[1 - \frac{1}{1-\beta_p(f,c)\beta_q(g,c)} \left(\beta_p(f,c) - \beta_q(g,c)\right)^2\right]^{\alpha(p)}.$$

$$(2.34)$$

在此我们只给出上述离散形式的证明, 相应的积分形式的证明, 读者可以类似地给出. 要证明定理 2.7, 首先证明其 $p = 2$ 时的情形. 下面用数学归纳法来证明.

当 $m = 1$ 时, 由胡克不等式以及定理 1.8 可知

$$\begin{aligned}|(\boldsymbol{a},\boldsymbol{b})| &\leq \|\boldsymbol{a}\|^{\frac{1}{2}} \|\boldsymbol{b}\|^{\frac{1}{2}} \left(1 - \lambda_2^2(\boldsymbol{a},\boldsymbol{b},\boldsymbol{e})\right)^{\frac{1}{4}} \\ &\leq \|\boldsymbol{a}\|^{\frac{1}{2}} \|\boldsymbol{b}\|^{\frac{1}{2}} \left(1 - \frac{1}{4}\lambda_2^2(\boldsymbol{a},\boldsymbol{b},\boldsymbol{e})\right).\end{aligned}$$

$$(2.35)$$

由 Gram 不等式可知

$$\begin{vmatrix} (\boldsymbol{a},\boldsymbol{a}) & (\boldsymbol{a},\boldsymbol{b}) & (\boldsymbol{a},\boldsymbol{c}) \\ (\boldsymbol{b},\boldsymbol{a}) & (\boldsymbol{b},\boldsymbol{b}) & (\boldsymbol{b},\boldsymbol{c}) \\ (\boldsymbol{c},\boldsymbol{a}) & (\boldsymbol{c},\boldsymbol{b}) & (\boldsymbol{c},\boldsymbol{c}) \end{vmatrix} \geq 0.$$

$$(2.36)$$

如果 $(\boldsymbol{c},\boldsymbol{c}) = 1$, 则(2.36)可变形为

$$(\boldsymbol{a},\boldsymbol{a})(\boldsymbol{b},\boldsymbol{b}) - |(\boldsymbol{a},\boldsymbol{b})|^2 - (\boldsymbol{a},\boldsymbol{a})|(\boldsymbol{b},\boldsymbol{c})|^2 - (\boldsymbol{b},\boldsymbol{b})|(\boldsymbol{a},\boldsymbol{c})|^2$$

$$+ 2\operatorname{Re}(\boldsymbol{a},\boldsymbol{b})(\boldsymbol{c},\boldsymbol{a})(\boldsymbol{b},\boldsymbol{c}) \geq 0. \qquad (2.37)$$

结合(2.35)可知

$$|(\boldsymbol{a},\boldsymbol{b})(\boldsymbol{a},\boldsymbol{c})(\boldsymbol{b},\boldsymbol{c})| \leq |(\boldsymbol{a},\boldsymbol{c})(\boldsymbol{b},\boldsymbol{c})| \left(\|\boldsymbol{a}\|^{\frac{1}{2}} \|\boldsymbol{b}\|^{\frac{1}{2}}\right) \left(1 - \frac{1}{4}\lambda_2^2(\boldsymbol{a},\boldsymbol{b},\boldsymbol{e})\right). \quad (2.38)$$

进而由(2.37)和(2.38)可得

$$\begin{aligned}|(\boldsymbol{a},\boldsymbol{b})|^2 &\leq (\boldsymbol{a},\boldsymbol{a})(\boldsymbol{b},\boldsymbol{b}) - \left(\|\boldsymbol{a}\|^{\frac{1}{2}}|(\boldsymbol{b},\boldsymbol{c})| - \|\boldsymbol{b}\|^{\frac{1}{2}}|(\boldsymbol{a},\boldsymbol{c})|\right)^2 \\ &\quad - \frac{1}{2}|(\boldsymbol{a},\boldsymbol{c})(\boldsymbol{b},\boldsymbol{c})|\|\boldsymbol{a}\|^{\frac{1}{2}}\|\boldsymbol{b}\|^{\frac{1}{2}}\lambda_2^2(\boldsymbol{a},\boldsymbol{b},\boldsymbol{e}).\end{aligned}$$

$$(2.39)$$

(2.39)就是定理 2.7 的(2.31)当 $p = 2$, $m = 1$ 时的情形. 现设 $p = 2$, $m = k$ 时定理成立, 即有

$$\begin{aligned}|(\boldsymbol{a},\boldsymbol{b})| &\leq (\|\boldsymbol{a}\|\|\boldsymbol{b}\|)^{\frac{1}{2}} \left(1 - \theta_{k,2}^2(\boldsymbol{a},\boldsymbol{b},\boldsymbol{c},\boldsymbol{e})\right)^{\frac{1}{2}} \\ &\leq (\|\boldsymbol{a}\|\|\boldsymbol{b}\|)^{\frac{1}{2}} \left(1 - \frac{1}{2}\theta_{k,2}^2(\boldsymbol{a},\boldsymbol{b},\boldsymbol{c},\boldsymbol{e})\right).\end{aligned}$$

$$(2.40)$$

由(2.36)和(2.40)可知

$$\begin{aligned}
\left|(\boldsymbol{a},\boldsymbol{b})\right|^2 &\le (\boldsymbol{a},\boldsymbol{a})(\boldsymbol{b},\boldsymbol{b}) - (\boldsymbol{a},\boldsymbol{a})\left|(\boldsymbol{b},\boldsymbol{c}^{(k+1)})\right|^2 - (\boldsymbol{b},\boldsymbol{b})\left|(\boldsymbol{a},\boldsymbol{c}^{(k+1)})\right|^2 \\
&\quad + 2\left|(\boldsymbol{a},\boldsymbol{b})\right|\left|(\boldsymbol{a},\boldsymbol{c}^{(k+1)})\right|\left|(\boldsymbol{b},\boldsymbol{c}^{(k+1)})\right| \\
&\le (\boldsymbol{a},\boldsymbol{a})(\boldsymbol{b},\boldsymbol{b}) - \left(\|\boldsymbol{a}\|^{\frac{1}{2}}\left|(\boldsymbol{b},\boldsymbol{c}^{(k+1)})\right| - \|b\|^{\frac{1}{2}}\left|(\boldsymbol{a},\boldsymbol{c}^{(k+1)})\right|\right)^2 \\
&\quad - (\|\boldsymbol{a}\|\|\boldsymbol{b}\|)^{\frac{1}{2}}\left|(\boldsymbol{a},\boldsymbol{c}^{(k+1)})(\boldsymbol{b},\boldsymbol{c}^{(k+1)})\right| \cdot \theta_{k,2}^{(2)}(\boldsymbol{a},\boldsymbol{b},\boldsymbol{c},\boldsymbol{e}) \\
&= (\boldsymbol{a},\boldsymbol{a})(\boldsymbol{b},\boldsymbol{b})\left(1 - \theta_{k+1,2}^{(2)}(\boldsymbol{a},\boldsymbol{b},\boldsymbol{c},\boldsymbol{e})\right).
\end{aligned} \tag{2.41}$$

于是当 $p=2$ 时定理 2.7 的(2.31)成立.

下面证明 $p \ne 2$ 时的情形. 不妨设 $p > q > 1$. 已知 $a_k, b_k > 0$, 由 Hölder 不等式可知

$$\sum_{k=1}^{n} a_k b_k = \sum_{k=1}^{n} a_k b_k^{\frac{q}{p}} b_k^{1-\frac{q}{p}} \le \left(\boldsymbol{a}^{\frac{p}{2}}, \boldsymbol{b}^{\frac{q}{2}}\right)^{\frac{2}{p}} \|\boldsymbol{b}\|_q^{1-\frac{2}{p}}. \tag{2.42}$$

进而由定理 2.7 中 $p=2$ 时的情形可得

$$\left(\boldsymbol{a}^{\frac{q}{2}}, \boldsymbol{b}^{\frac{p}{2}}\right)^2 \le \|\boldsymbol{a}\|_p \|\boldsymbol{b}\|_q\left(1 - \theta_{m,p}^{(2)}(\boldsymbol{a},\boldsymbol{b},\boldsymbol{c},\boldsymbol{e})\right). \tag{2.43}$$

将(2.43)代入(2.42)即得定理的(2.31)的结论.

由假设 $x = \beta_p(\boldsymbol{a},\boldsymbol{c})\beta_q(\boldsymbol{b},\boldsymbol{c}) < 1$, 知 $x^n \to 0 \ (n \to \infty)$. 因此, 在(2.31) 中取 $\boldsymbol{c}^{(i)} = \boldsymbol{c}$ 即得(2.32)的结论.

第3章

反向胡克不等式及其推广

在这一章中, 我们将主要介绍反向胡克不等式及其三种推广形式. 此外, 由这些推广我们还将得到推广的反向 Hölder 不等式的一些有意义的改进.

3.1 反向胡克不等式[32]

这一节我们将首先给出离散型反向胡克不等式的理想形式.

定理 3.1 设 $A_r \geq 0,\ B_r > 0\ (r = 1, 2, \cdots, n)$, 并且 $1 - e_r + e_s \geq 0\ (r, s = 1, 2, \cdots, n)$. 如果 $q < 0,\ p > 0,\ \dfrac{1}{p} + \dfrac{1}{q} = 1$, 则有

$$
\begin{aligned}
\sum_{r=1}^{n} A_r B_r \geq{} & \left(\sum_{r=1}^{n} A_r^p \right)^{\frac{1}{p} - \frac{1}{q}} \left\{ \left[\left(\sum_{r=1}^{n} A_r^p \right) \left(\sum_{r=1}^{n} B_r^q \right) \right]^2 \right. \\
& - \left[\left(\sum_{r=1}^{n} A_r^p e_r \right) \left(\sum_{r=1}^{n} B_r^q \right) \right. \\
& \left. \left. - \left(\sum_{r=1}^{n} A_r^p \right) \left(\sum_{r=1}^{n} B_r^q e_r \right) \right]^2 \right\}^{\frac{1}{2q}}.
\end{aligned}
\tag{3.1}
$$

证 经过一些简单的运算, 我们有

$$\sum_{r=1}^{n} A_r B_r \sum_{s=1}^{n} A_s B_s (1 - e_r + e_s)$$

$$= \sum_{s=1}^{n} \sum_{r=1}^{n} A_r B_r A_s B_s - \sum_{s=1}^{n} \sum_{r=1}^{n} A_r B_r A_s B_s e_r + \sum_{s=1}^{n} \sum_{r=1}^{n} A_r B_r A_s B_s e_s$$

$$= \left(\sum_{r=1}^{n} A_r B_r \right)^2. \tag{3.2}$$

由推广的 Hölder 不等式(1.15), 有

$$\sum_{r=1}^{n} A_r B_r \sum_{s=1}^{n} A_s B_s (1 - e_r + e_s)$$

$$= \sum_{r=1}^{n} A_r B_r \sum_{s=1}^{n} A_s B_s (1 - e_r + e_s)^{\frac{1}{p} + \frac{1}{q}}$$

$$\geq \sum_{r=1}^{n} A_r B_r \left(\sum_{s=1}^{n} A_s^p (1 - e_r + e_s) \right)^{\frac{1}{p}} \left(\sum_{s=1}^{n} B_s^q (1 - e_r + e_s) \right)^{\frac{1}{q}}$$

$$= \sum_{r=1}^{n} \left[\left(\sum_{s=1}^{n} A_r^p A_s^p (1 - e_r + e_s) \right)^{\frac{1}{p} - \frac{1}{q}} \left(\sum_{s=1}^{n} A_r^p B_s^q (1 - e_r + e_s) \right)^{\frac{1}{q}} \right.$$

$$\left. \cdot \left(\sum_{s=1}^{n} B_r^q A_s^p (1 - e_r + e_s) \right)^{\frac{1}{q}} \right]. \tag{3.3}$$

由于 $\left(\dfrac{1}{p} - \dfrac{1}{q} \right) + \dfrac{1}{q} + \dfrac{1}{q} = 1$, 进而在不等式(3.3)的右端利用不等式(1.15)可得

$$\sum_{r=1}^{n} A_r B_r \sum_{s=1}^{n} A_s B_s (1 - e_r + e_s)$$

$$\geq \left(\sum_{r=1}^{n} \sum_{s=1}^{n} A_r^p A_s^p (1 - e_r + e_s) \right)^{\frac{1}{p} - \frac{1}{q}} \left(\sum_{r=1}^{n} \sum_{s=1}^{n} A_r^p B_s^q (1 - e_r + e_s) \right)^{\frac{1}{q}}$$

$$\cdot \left(\sum_{r=1}^{n} \sum_{s=1}^{n} B_r^q A_s^p (1 - e_r + e_s) \right)^{\frac{1}{q}}$$

$$= \left(\sum_{r=1}^{n} A_r^p \right)^{\frac{2}{p} - \frac{2}{q}} \left[\left(\sum_{r=1}^{n} A_r^p \sum_{s=1}^{n} B_s^q - \sum_{r=1}^{n} A_r^p e_r \sum_{s=1}^{n} B_s^q + \sum_{r=1}^{n} A_r^p \sum_{s=1}^{n} B_s^q e_s \right) \right.$$

$$\left. \cdot \left(\sum_{r=1}^{n} B_r^q \sum_{s=1}^{n} A_s^p - \sum_{r=1}^{n} B_r^q e_r \sum_{s=1}^{n} A_s^p + \sum_{r=1}^{n} B_r^q \sum_{s=1}^{n} A_s^p e_s \right) \right]^{\frac{1}{q}}$$

$$= \left(\sum_{r=1}^{n} A_r^p \right)^{\frac{2}{p} - \frac{2}{q}} \left\{ \left[\left(\sum_{r=1}^{n} A_r^p \right) \left(\sum_{r=1}^{n} B_r^q \right) \right]^2 \right.$$

$$\left. - \left[\left(\sum_{r=1}^{n} A_r^p e_r \right) \left(\sum_{r=1}^{n} B_r^q \right) - \left(\sum_{r=1}^{n} A_r^p \right) \left(\sum_{r=1}^{n} B_r^q e_r \right) \right]^2 \right\}^{\frac{1}{q}}. \quad (3.4)$$

联合不等式(3.2)和(3.4), 立刻得到要证的不等式(3.1). □

由定理 3.1 和定理 1.8, 很容易得到 Hölder 不等式的如下改进形式:

推论 3.1　设 $A_r > 0$, $B_r > 0$ $(r = 1, 2, \cdots, n)$, 并且 $1 - e_r + e_s \geq 0$ $(r, s = 1, 2, \cdots, n)$. 如果 $q < 0$, $p > 0$, $\dfrac{1}{p} + \dfrac{1}{q} = 1$, 则有

$$\sum_{r=1}^{n} A_r B_r \geq \left(\sum_{r=1}^{n} A_r^p \right)^{\frac{1}{p}} \left(\sum_{r=1}^{n} B_r^q \right)^{\frac{1}{q}} \left[1 - \frac{1}{2q} \left(\frac{\sum\limits_{r=1}^{n} B_r^q e_r}{\sum\limits_{k=1}^{n} B_r^q} - \frac{\sum\limits_{r=1}^{n} A_r^p e_r}{\sum\limits_{r=1}^{n} A_r^p} \right)^2 \right].$$

$$(3.5)$$

接下来我们给出积分型胡克不等式的反向形式.

定理 3.2　设 $f(x), g(x), e(x)$ 是定义在 $[a, b]$ 上的可积函数, 并且 $f(x), g(x) > 0$, $1 - e(x) + e(y) \geq 0$. 如果 $q < 0$, $\dfrac{1}{p} + \dfrac{1}{q} = 1$, 则

$$\int_a^b f(x) g(x) \mathrm{d}x$$

$$\geq (b - a)^{1 - \frac{1}{p} - \frac{1}{q}} \left(\int_a^b f^p(x) \mathrm{d}x \right)^{\frac{1}{p} - \frac{1}{q}} \left[\left(\int_a^b f^p(x) \mathrm{d}x \int_a^b g^q(x) \mathrm{d}x \right)^2 \right.$$

$$\left. - \left(\int_a^b f^p(x) e(x) \mathrm{d}x \int_a^b g^q(x) \mathrm{d}x - \int_a^b f^p(x) \mathrm{d}x \int_a^b g^q(x) e(x) \mathrm{d}x \right)^2 \right]^{\frac{1}{2q}}.$$

$$(3.6)$$

证　对于任意的正整数 n, 对区间 $[a, b]$ 进行 n 等分:

$$a < a + \frac{b - a}{n} < \cdots < a + \frac{b - a}{n} k < \cdots < a + \frac{b - a}{n} (n - 1) < b,$$

$$x_k = a + \frac{b-a}{n}k, \ \Delta x_k = \frac{b-a}{n}, \quad k = 0, 1, 2, \cdots, n.$$

由定理 3.1 可得

$$\sum_{k=1}^{n} f(x_k)g(x_k) \geq \left(\sum_{k=1}^{n} f^p(x_k) \right)^{\frac{1}{p} - \frac{1}{q}} \left\{ \left[\left(\sum_{k=1}^{n} f^p(x_k) \right) \left(\sum_{k=1}^{n} g^q(x_k) \right) \right]^2 \right.$$

$$- \left[\left(\sum_{k=1}^{n} f^p(x_k)e(x_k) \right) \left(\sum_{k=1}^{n} g^q(x_k) \right) \right.$$

$$\left. \left. - \left(\sum_{k=1}^{n} f^p(x_k) \right) \left(\sum_{k=1}^{n} g^q(x_k)e(x_k) \right) \right]^2 \right\}^{\frac{1}{2q}}, \tag{3.7}$$

也就是

$$\sum_{k=1}^{n} f(x_k)g(x_k)\frac{b-a}{n}$$

$$\geq \left(\sum_{k=1}^{n} f^p(x_k)\frac{b-a}{n} \right)^{\frac{1}{p} - \frac{1}{q}} \left\{ \left[\left(\sum_{k=1}^{n} f^p(x_k)\frac{b-a}{n} \right) \left(\sum_{k=1}^{n} g^q(x_k)\frac{b-a}{n} \right) \right]^2 \right.$$

$$- \left[\left(\sum_{k=1}^{n} f^p(x_k)e(x_k)\frac{b-a}{n} \right) \left(\sum_{k=1}^{n} g^q(x_k)\frac{b-a}{n} \right) \right.$$

$$\left. \left. - \left(\sum_{k=1}^{n} f^p(x_k)\frac{b-a}{n} \right) \left(\sum_{k=1}^{n} g^q(x_k)e(x_k)\frac{b-a}{n} \right) \right]^2 \right\}^{\frac{1}{2q}}. \tag{3.8}$$

因为 $f(x), g(x), e(x)$ 在 $[a,b]$ 上是正的黎曼可积函数, 于是 $f^p(x), g^q(x),$ $g^q(x)e(x)$ 在 $[a,b]$ 上也是可积的. 对不等式(3.8)两端令 $n \to \infty$, 则有不等式(3.6)成立. $\qquad \square$

由定理 3.2 易得如下形式的 Hölder 不等式的改进:

推论 3.2 设 $f(x), g(x), e(x)$ 是定义在 $[a,b]$ 上的可积函数, 并且 $f(x), g(x) > 0,\ 1 - e(x) + e(y) \geq 0$. 如果 $q < 0,\ \dfrac{1}{p} + \dfrac{1}{q} = 1$, 则

$$\int_a^b f(x)g(x)\mathrm{d}x \geq \left(\int_a^b f^p(x)\mathrm{d}x \right)^{\frac{1}{p}} \left(\int_a^b g^q(x)\mathrm{d}x \right)^{\frac{1}{q}}$$

$$\cdot \left[1 - \frac{1}{2q} \left(\frac{\int_a^b f^p(x)e(x)\mathrm{d}x}{\int_a^b f^p(x)\mathrm{d}x} - \frac{\int_a^b g^q(x)e(x)\mathrm{d}x}{\int_a^b g^q(x)\mathrm{d}x} \right)^2 \right]. \tag{3.9}$$

3.2　反向胡克不等式的第一种推广[36]

这一节我们将给出反向胡克不等式的条件弱化的推广.

定理 3.3　设 $A_r \geq 0,\ B_r > 0\ (r=1,2,\cdots,n)$，并且设 $1-e_r+e_s \geq 0$ $(r,s=1,2,\cdots,n)$. 如果 $q<0,\ p>0,\ \rho=\max\left\{\dfrac{1}{p}+\dfrac{1}{q},1\right\}$，则有

$$\sum_{r=1}^{n} A_r B_r \geq n^{1-\rho}\left(\sum_{r=1}^{n} A_r^p\right)^{\frac{1}{p}-\frac{1}{q}}\left\{\left[\left(\sum_{r=1}^{n} A_r^p\right)\left(\sum_{r=1}^{n} B_r^q\right)\right]^2\right.$$
$$\left. -\left[\left(\sum_{r=1}^{n} A_r^p e_r\right)\left(\sum_{r=1}^{n} B_r^q\right)-\left(\sum_{r=1}^{n} A_r^p\right)\cdot\left(\sum_{r=1}^{n} B_r^q e_r\right)\right]^2\right\}^{\frac{1}{2q}}.$$

$$(3.10)$$

证　我们分两种情况对这个定理进行证明.

(1) 当 $\dfrac{1}{p}+\dfrac{1}{q} \leq 1$ 时，经过一些简单的运算，有

$$\sum_{r=1}^{n} A_r B_r \sum_{s=1}^{n} A_s B_s(1-e_r+e_s)$$
$$=\sum_{s=1}^{n}\sum_{r=1}^{n} A_r B_r A_s B_s - \sum_{s=1}^{n}\sum_{r=1}^{n} A_r B_r A_s B_s e_r + \sum_{s=1}^{n}\sum_{r=1}^{n} A_r B_r A_s B_s e_s$$
$$=\left(\sum_{k=1}^{n} A_k B_k\right)^2.$$

$$(3.11)$$

由不等式(1.13)可得

$$\sum_{r=1}^{n} A_r B_r \sum_{s=1}^{n} A_s B_s(1-e_r+e_s)^{\frac{1}{p}+\frac{1}{q}}$$
$$=\sum_{r=1}^{n}\sum_{s=1}^{n} A_r B_r A_s B_s(1-e_r+e_s)^{\frac{1}{p}+\frac{1}{q}}$$

$$\leq \left(\sum_{r=1}^{n} \sum_{s=1}^{n} A_r B_r A_s B_s \right)^{1-\frac{1}{p}-\frac{1}{q}}$$

$$\cdot \left(\sum_{r=1}^{n} \sum_{s=1}^{n} A_r B_r A_s B_s (1 - e_r + e_s) \right)^{\frac{1}{p}+\frac{1}{q}}$$

$$= \left(\sum_{r=1}^{n} \sum_{s=1}^{n} A_r B_r A_s B_s \right)^{1-\frac{1}{p}-\frac{1}{q}} \left(\sum_{r=1}^{n} \sum_{s=1}^{n} A_r B_r A_s B_s \right.$$

$$\left. - \sum_{r=1}^{n} \sum_{s=1}^{n} A_r B_r A_s B_s e_r + \sum_{r=1}^{n} \sum_{s=1}^{n} A_r B_r A_s B_s e_s \right)^{\frac{1}{p}+\frac{1}{q}}$$

$$= \left(\sum_{r=1}^{n} \sum_{s=1}^{n} A_r B_r A_s B_s \right)^{1-\frac{1}{p}-\frac{1}{q}} \left(\sum_{r=1}^{n} \sum_{s=1}^{n} A_r B_r A_s B_s \right)^{\frac{1}{p}+\frac{1}{q}}$$

$$= \sum_{r=1}^{n} \sum_{s=1}^{n} A_r B_r A_s B_s$$

$$= \left(\sum_{r=1}^{n} A_r B_r \right)^2. \tag{3.12}$$

考虑到推广的 Hölder 不等式(1.15), 有

$$\sum_{r=1}^{n} A_r B_r \sum_{s=1}^{n} A_s B_s (1 - e_r + e_s)^{\frac{1}{p}+\frac{1}{q}}$$

$$\geq \sum_{r=1}^{n} A_r B_r \left(\sum_{s=1}^{n} A_s^p (1 - e_r + e_s) \right)^{\frac{1}{p}} \left(\sum_{s=1}^{n} B_s^q (1 - e_r + e_s) \right)^{\frac{1}{q}}$$

$$= \sum_{r=1}^{n} \left[\left(\sum_{s=1}^{n} A_r^p A_s^p (1 - e_r + e_s) \right)^{\frac{1}{p}-\frac{1}{q}} \right.$$

$$\cdot \left(\sum_{s=1}^{n} A_r^p B_s^q (1 - e_r + e_s) \right)^{\frac{1}{q}}$$

$$\left. \cdot \left(\sum_{s=1}^{n} B_r^q A_s^p (1 - e_r + e_s) \right)^{\frac{1}{q}} \right]. \tag{3.13}$$

由于

$$\left(\frac{1}{p} - \frac{1}{q} \right) + \frac{1}{q} + \frac{1}{q} \leq 1,$$

进而在不等式(3.13)的右端利用不等式(1.15) 可得

32

$$\sum_{r=1}^{n} A_r B_r \sum_{s=1}^{n} A_s B_s (1 - e_r + e_s)^{\frac{1}{p} + \frac{1}{q}}$$

$$\geq \left(\sum_{r=1}^{n} \sum_{s=1}^{n} A_r^p A_s^p (1 - e_r + e_s) \right)^{\frac{1}{p} - \frac{1}{q}} \left(\sum_{r=1}^{n} \sum_{s=1}^{n} A_r^p B_s^q (1 - e_r + e_s) \right)^{\frac{1}{q}}$$

$$\cdot \left(\sum_{r=1}^{n} \sum_{s=1}^{n} B_r^q A_s^p (1 - e_r + e_s) \right)^{\frac{1}{q}}$$

$$= \left(\sum_{r=1}^{n} A_r^p \right)^{\frac{2}{p} - \frac{2}{q}} \left[\left(\sum_{r=1}^{n} A_r^p \sum_{s=1}^{n} B_s^q - \sum_{r=1}^{n} A_r^p e_r \sum_{s=1}^{n} B_s^q + \sum_{r=1}^{n} A_r^p \sum_{s=1}^{n} B_s^q e_s \right) \right.$$

$$\left. \cdot \left(\sum_{r=1}^{n} B_r^q \sum_{s=1}^{n} A_s^p - \sum_{r=1}^{n} B_r^q e_r \sum_{s=1}^{n} A_s^p + \sum_{r=1}^{n} B_r^q \sum_{s=1}^{n} A_s^p e_s \right) \right]^{\frac{1}{q}}$$

$$= \left(\sum_{r=1}^{n} A_r^p \right)^{\frac{2}{p} - \frac{2}{q}} \left\{ \left[\left(\sum_{r=1}^{n} A_r^p \right) \left(\sum_{r=1}^{n} B_r^q \right) \right]^2 \right.$$

$$\left. - \left[\left(\sum_{r=1}^{n} A_r^p e_r \right) \left(\sum_{r=1}^{n} B_r^q \right) - \left(\sum_{r=1}^{n} A_r^p \right) \left(\sum_{r=1}^{n} B_r^q e_r \right) \right]^2 \right\}^{\frac{1}{q}}. \tag{3.14}$$

联合不等式(3.12)和(3.14), 立刻得到要证的不等式(3.10).

(2) 当 $\frac{1}{p} + \frac{1}{q} \geq 1$ 时, 设 $\frac{1}{p} + \frac{1}{q} = t$ $(t \geq 1)$, 则 $\frac{1}{pt} + \frac{1}{qt} = 1$. 由 Hölder 不等式和(1.15), 有

$$\sum_{r=1}^{n} A_r B_r \sum_{s=1}^{n} A_s B_s (1 - e_r + e_s)$$

$$= \sum_{r=1}^{n} A_r B_r \sum_{s=1}^{n} A_s B_s (1 - e_r + e_s)^{\frac{1}{pt} + \frac{1}{qt}}$$

$$\geq \sum_{r=1}^{n} A_r B_r \left[\left(\sum_{s=1}^{n} A_s^{pt} (1 - e_r + e_s) \right)^{\frac{1}{pt}} \left(\sum_{s=1}^{n} B_s^{qt} (1 - e_r + e_s) \right)^{\frac{1}{qt}} \right]$$

$$= \sum_{r=1}^{n} \left[\left(\sum_{s=1}^{n} A_r^{pt} A_s^{pt} (1 - e_r + e_s) \right)^{\frac{1}{pt} - \frac{1}{qt}} \left(\sum_{s=1}^{n} B_r^{qt} A_s^{pt} (1 - e_r + e_s) \right)^{\frac{1}{qt}} \right.$$

$$\left. \cdot \left(\sum_{s=1}^{n} A_r^{pt} B_s^{qt} (1 - e_r + e_s) \right)^{\frac{1}{qt}} \right]$$

$$\geq \left(\sum_{r=1}^{n} \sum_{s=1}^{n} A_r^{pt} A_s^{pt} (1 - e_r + e_s) \right)^{\frac{1}{pt} - \frac{1}{qt}} \left(\sum_{r=1}^{n} \sum_{s=1}^{n} B_r^{qt} A_s^{pt} (1 - e_r + e_s) \right)^{\frac{1}{qt}}$$

$$\cdot \left(\sum_{r=1}^{n} \sum_{s=1}^{n} A_r^{pt} B_s^{qt} (1 - e_r + e_s) \right)^{\frac{1}{qt}}. \tag{3.15}$$

此外, 考虑到 $t \geq 1$, 利用定理 1.9 可得

$$\left(\sum_{r=1}^{n} \sum_{s=1}^{n} A_r^{pt} A_s^{pt} (1 - e_r + e_s) \right)^{\frac{1}{pt} - \frac{1}{qt}} \left(\sum_{r=1}^{n} \sum_{s=1}^{n} B_r^{qt} A_s^{pt} (1 - e_r + e_s) \right)^{\frac{1}{qt}}$$

$$\cdot \left(\sum_{r=1}^{n} \sum_{s=1}^{n} A_r^{pt} B_s^{qt} (1 - e_r + e_s) \right)^{\frac{1}{qt}}$$

$$\geq \left(\sum_{r=1}^{n} \sum_{s=1}^{n} (1 - e_r + e_s) \right)^{(1-t)\left(\frac{1}{pt} - \frac{1}{qt} \right)}$$

$$\cdot \left(\sum_{r=1}^{n} \sum_{s=1}^{n} A_r^{p} A_s^{p} (1 - e_r + e_s) \right)^{\frac{1}{p} - \frac{1}{q}} \left(\sum_{r=1}^{n} \sum_{s=1}^{n} (1 - e_r + e_s) \right)^{\frac{1-t}{qt}}$$

$$\cdot \left(\sum_{r=1}^{n} \sum_{s=1}^{n} B_r^{q} A_s^{p} (1 - e_r + e_s) \right)^{\frac{1}{q}} \left(\sum_{r=1}^{n} \sum_{s=1}^{n} (1 - e_r + e_s) \right)^{\frac{1-t}{qt}}$$

$$\cdot \left(\sum_{r=1}^{n} \sum_{s=1}^{n} A_r^{p} B_s^{q} (1 - e_r + e_s) \right)^{\frac{1}{q}}$$

$$= \left(\sum_{r=1}^{n} \sum_{s=1}^{n} (1 - e_r + e_s) \right)^{1-t} \left(\sum_{r=1}^{n} \sum_{s=1}^{n} A_r^{p} A_s^{p} (1 - e_r + e_s) \right)^{\frac{1}{p} - \frac{1}{q}}$$

$$\cdot \left(\sum_{r=1}^{n} \sum_{s=1}^{n} B_r^{q} A_s^{p} (1 - e_r + e_s) \right)^{\frac{1}{q}} \left(\sum_{r=1}^{n} \sum_{s=1}^{n} A_r^{p} B_s^{q} (1 - e_r + e_s) \right)^{\frac{1}{q}}$$

$$= n^{2-2t} \left(\sum_{r=1}^{n} A_r^{p} \right)^{\frac{2}{p} - \frac{2}{q}}$$

$$\cdot \left(\sum_{r=1}^{n} B_r^{q} \sum_{s=1}^{n} A_s^{p} - \sum_{r=1}^{n} B_r^{q} e_r \sum_{s=1}^{n} A_s^{p} + \sum_{r=1}^{n} B_r^{q} \sum_{s=1}^{n} A_s^{p} e_s \right)^{\frac{1}{q}}$$

$$\cdot \left(\sum_{r=1}^{n} A_r^{p} \sum_{s=1}^{n} B_s^{q} - \sum_{r=1}^{n} A_r^{p} e_r \sum_{s=1}^{n} B_s^{q} + \sum_{r=1}^{n} A_r^{p} \sum_{s=1}^{n} B_s^{q} e_s \right)^{\frac{1}{q}}$$

$$= n^{2\left(1-\frac{1}{p}-\frac{1}{q}\right)} \left(\sum_{r=1}^{n} A_r^p\right)^{\frac{2}{p}-\frac{2}{q}} \left\{\left[\left(\sum_{r=1}^{n} A_r^p\right)\left(\sum_{r=1}^{n} B_r^q\right)\right]^2\right.$$

$$\left. - \left[\left(\sum_{r=1}^{n} A_r^p e_r\right)\left(\sum_{r=1}^{n} B_r^q\right) - \left(\sum_{r=1}^{n} A_r^p\right)\left(\sum_{r=1}^{n} B_r^q e_r\right)\right]^2\right\}^{\frac{1}{q}}. \quad (3.16)$$

联合不等式(3.11), (3.15)和(3.16), 立刻得到要证的不等式(3.10). □

由定理 3.3 和定理 1.8, 很容易得到 Hölder 不等式的如下改进形式:

推论 3.3　设 $A_r > 0$, $B_r > 0$ $(r = 1, 2, \cdots, n)$, $1 - e_r + e_s \geq 0$ $(r, s = 1, 2, \cdots, n)$, 并且 $q < 0$, $p > 0$, $\rho = \max\left\{\frac{1}{p} + \frac{1}{q}, 1\right\}$, 则有

$$\sum_{r=1}^{n} A_r B_r \geq n^{1-\rho} \left(\sum_{r=1}^{n} A_r^p\right)^{\frac{1}{p}} \left(\sum_{r=1}^{n} B_r^q\right)^{\frac{1}{q}} \left[1 - \frac{1}{2q}\left(\frac{\sum_{r=1}^{n} B_r^q e_r}{\sum_{k=1}^{n} B_r^q} - \frac{\sum_{r=1}^{n} A_r^p e_r}{\sum_{r=1}^{n} A_r^p}\right)^2\right].$$

$$(3.17)$$

接下来我们给出积分型胡克不等式的第二种推广.

定理 3.4　设 $f(x), g(x), e(x)$ 是定义在 $[a, b]$ 上的可积函数, 并且 $f(x), g(x) > 0$, $1 - e(x) + e(y) \geq 0$. 如果 $q < 0$, $\frac{1}{p} + \frac{1}{q} \geq 1$, 则

$$\int_a^b f(x)g(x)\mathrm{d}x$$

$$\geq (b-a)^{1-\frac{1}{p}-\frac{1}{q}} \left(\int_a^b f^p(x)\mathrm{d}x\right)^{\frac{1}{p}-\frac{1}{q}} \left[\left(\int_a^b f^p(x)\mathrm{d}x \int_a^b g^q(x)\mathrm{d}x\right)^2\right.$$

$$\left. - \left(\int_a^b f^p(x)e(x)\mathrm{d}x \int_a^b g^q(x)\mathrm{d}x - \int_a^b f^p(x)\mathrm{d}x \int_a^b g^q(x)e(x)\mathrm{d}x\right)^2\right]^{\frac{1}{2q}}.$$

$$(3.18)$$

证　对于任意的正整数 n, 对区间 $[a, b]$ 进行 n 等分:

$$a < a + \frac{b-a}{n} < \cdots < a + \frac{b-a}{n}k < \cdots < a + \frac{b-a}{n}(n-1) < b,$$

$$x_k = a + \frac{b-a}{n}k, \ \Delta x_k = \frac{b-a}{n}, \quad k = 0, 1, 2, \cdots, n.$$

由定理 3.3 可得

$$\sum_{k=1}^{n} f(x_k)g(x_k)$$

$$\geq n^{1-\frac{1}{p}-\frac{1}{q}}\left(\sum_{k=1}^{n} f^p(x_k)\right)^{\frac{1}{p}-\frac{1}{q}}\left\{\left[\left(\sum_{k=1}^{n} f^p(x_k)\right)\left(\sum_{k=1}^{n} g^q(x_k)\right)\right]^2\right.$$

$$-\left[\left(\sum_{k=1}^{n} f^p(x_k)e(x_k)\right)\left(\sum_{k=1}^{n} g^q(x_k)\right)\right.$$

$$\left.\left.-\left(\sum_{k=1}^{n} f^p(x_k)\right)\left(\sum_{k=1}^{n} g^q(x_k)e(x_k)\right)\right]^2\right\}^{\frac{1}{2q}}, \tag{3.19}$$

也就是

$$\sum_{k=1}^{n} f(x_k)g(x_k)\frac{b-a}{n}$$

$$\geq (b-a)^{1-\frac{1}{p}-\frac{1}{q}}\left(\sum_{k=1}^{n} f^p(x_k)\frac{b-a}{n}\right)^{\frac{1}{p}-\frac{1}{q}}$$

$$\cdot\left\{\left[\left(\sum_{k=1}^{n} f^p(x_k)\frac{b-a}{n}\right)\left(\sum_{k=1}^{n} g^q(x_k)\frac{b-a}{n}\right)\right]^2\right.$$

$$-\left[\left(\sum_{k=1}^{n} f^p(x_k)e(x_k)\frac{b-a}{n}\right)\left(\sum_{k=1}^{n} g^q(x_k)\frac{b-a}{n}\right)\right.$$

$$\left.\left.-\left(\sum_{k=1}^{n} f^p(x_k)\frac{b-a}{n}\right)\left(\sum_{k=1}^{n} g^q(x_k)e(x_k)\frac{b-a}{n}\right)\right]^2\right\}^{\frac{1}{2q}}. \tag{3.20}$$

因为 $f(x), g(x), e(x)$ 在 $[a,b]$ 上是正的黎曼可积函数, 于是 $f^p(x), g^q(x),$ $g^q(x)e(x)$ 在 $[a,b]$ 上也是可积的. 对不等式(3.20)两端令 $n \to \infty$, 则有不等式(3.18)成立. $\qquad\qquad\qquad\qquad\qquad\qquad\qquad\qquad\square$

由定理 3.4 易得如下形式的 Hölder 不等式的改进:

推论 3.4 设 $f(x), g(x), e(x)$ 是定义在 $[a,b]$ 上的可积函数, 并且 $f(x), g(x) > 0, \ 1 - e(x) + e(y) \geq 0$. 如果 $q < 0, \ \frac{1}{p} + \frac{1}{q} \geq 1$, 则

$$\int_a^b f(x)g(x)\mathrm{d}x \geq (b-a)^{1-\frac{1}{p}-\frac{1}{q}} \left(\int_a^b f^p(x)\mathrm{d}x\right)^{\frac{1}{p}} \left(\int_a^b g^q(x)\mathrm{d}x\right)^{\frac{1}{q}}$$

$$\cdot \left[1 - \frac{1}{2q}\left(\frac{\int_a^b f^p(x)e(x)\mathrm{d}x}{\int_a^b f^p(x)\mathrm{d}x} - \frac{\int_a^b g^q(x)e(x)\mathrm{d}x}{\int_a^b g^q(x)\mathrm{d}x}\right)^2\right].$$

$$(3.21)$$

3.3 反向胡克不等式的第二种推广[32]

这一节我们将给出反向胡克不等式在维数增加情况下的推广.

定理 3.5 设 $A_{rj} > 0$ $(r=1,2,\cdots,n,\ j=1,2,\cdots,m)$, $\sum_{j=1}^m \frac{1}{\lambda_j} = 1$, 并且
$1 - e_r + e_s \geq 0$ $(s=1,2,\cdots,n)$. 如果 $\lambda_1 > 0$, $\lambda_j < 0$ $(j=2,3,\cdots,m)$,
则

$$\sum_{r=1}^n \prod_{j=1}^m A_{rj} \geq \left(\sum_{r=1}^n A_{r1}^{\lambda_1}\right)^{\frac{1}{\lambda_1}-\sum_{j=2}^m \frac{1}{\lambda_j}} \prod_{j=2}^m \left\{\left[\left(\sum_{r=1}^n A_{r1}^{\lambda_1}\right)\left(\sum_{r=1}^n A_{rj}^{\lambda_j}\right)\right]^2\right.$$

$$- \left[\left(\sum_{r=1}^n A_{r1}^{\lambda_1} e_r\right)\left(\sum_{r=1}^n A_{rj}^{\lambda_j}\right)\right.$$

$$\left.- \left(\sum_{r=1}^n A_{r1}^{\lambda_1}\right)\left(\sum_{r=1}^n A_{rj}^{\lambda_j} e_r\right)\right]^2\right\}^{\frac{1}{2\lambda_j}}.$$

$$(3.22)$$

相应的积分形式如下:

定理 3.6 设 $F_j(x)$ 是定义在 $[a,b]$ 上的非负可积函数, 并且 $\int_a^b F_j^{\lambda_j}(x)\mathrm{d}x$
存在, 设 $1 - e(x) + e(y) \geq 0$, $\int_a^b e(x)\mathrm{d}x < \infty$, 并且 $\sum_{j=1}^m \frac{1}{\lambda_j} = 1$. 如果
$\lambda_1 > 0$, $\lambda_j < 0$ $(j=2,3,\cdots,m)$, 则有

$$\int_a^b \prod_{j=1}^m F_j(x)\mathrm{d}x \geq \left(\int_a^b F_1^{\lambda_1}(x)\mathrm{d}x\right)^{\frac{1}{\lambda_1}-\sum_{j=2}^m \frac{1}{\lambda_j}}$$

$$\cdot \prod_{j=2}^m \left[\left(\int_a^b F_1^{\lambda_1}(x)\mathrm{d}x \int_a^b F_j^{\lambda_j}(x)\mathrm{d}x\right)^2\right.$$

$$-\left(\int_a^b F_1^{\lambda_1}(x)e(x)\mathrm{d}x \int_a^b F_j^{\lambda_j}(x)\mathrm{d}x\right.$$

$$\left.\left. -\int_a^b F_1^{\lambda_1}(x)\mathrm{d}x \int_a^b F_j^{\lambda_j}(x)e(x)\mathrm{d}x\right)^2\right]^{\frac{1}{2\lambda_j}}. \tag{3.23}$$

证 这里只给出定理 3.5 的证明. 定理 3.6 的证明类似. 经过一些简单的运算, 我们有

$$\sum_n \left(\prod_{j=1}^k A_{nj}\right)\sum_m \left(\prod_{i=1}^k A_{mi}\right)(1-e_n+e_m)$$

$$=\sum_n \sum_m \left(\prod_{j=1}^k A_{nj}\right)\left(\prod_{i=1}^k A_{mi}\right)$$

$$-\sum_n \sum_m \left(\prod_{j=1}^k A_{nj}\right)\left(\prod_{i=1}^k A_{mi}\right)e_n$$

$$+\sum_n \sum_m \left(\prod_{j=1}^k A_{nj}\right)\left(\prod_{i=1}^k A_{mi}\right)e_m$$

$$=\left(\sum_n \prod_{j=1}^k A_{nj}\right)^2. \tag{3.24}$$

由推广的 Hölder 不等式(1.15)可知

$$\sum_{s=1}^n \left(\prod_{i=1}^m A_{si}\right)\sum_{r=1}^n \left(\prod_{j=1}^m A_{rj}\right)(1-e_r+e_s)$$

$$=\sum_{s=1}^n \left(\prod_{i=1}^m A_{si}\right)\sum_{r=1}^n \prod_{j=1}^m A_{rj}(1-e_r+e_s)^{\frac{1}{\lambda_j}}$$

$$\geq \sum_{s=1}^n \left(\prod_{i=1}^m A_{si}\right)\left[\prod_{j=1}^m \left(\sum_{r=1}^n A_{rj}^{\lambda_j}(1-e_r+e_s)\right)^{\frac{1}{\lambda_j}}\right]$$

$$= \sum_{s=1}^{n} \left\{ \left(A_{s1}^{\lambda_1} \sum_{r=1}^{n} A_{r1}^{\lambda_1} (1 - e_r + e_s) \right)^{\frac{1}{\lambda_1} - \sum_{j=2}^{m} \frac{1}{\lambda_j}} \right.$$

$$\cdot \left[\prod_{j=2}^{m} \left(A_{s1}^{\lambda_1} \sum_{r=1}^{n} A_{rj}^{\lambda_j} (1 - e_r + e_s) \right)^{\frac{1}{\lambda_j}} \right]$$

$$\left. \cdot \left[\prod_{j=2}^{m} \left(A_{sj}^{\lambda_j} \sum_{r=1}^{n} A_{r1}^{\lambda_1} (1 - e_r + e_s) \right)^{\frac{1}{\lambda_j}} \right] \right\}. \tag{3.25}$$

考虑到

$$\left(\frac{1}{\lambda_1} - \sum_{j=2}^{m} \frac{1}{\lambda_j} \right) + \frac{1}{\lambda_2} + \frac{1}{\lambda_3} + \cdots + \frac{1}{\lambda_m} + \frac{1}{\lambda_2} + \frac{1}{\lambda_3} + \cdots + \frac{1}{\lambda_m} = 1,$$

在不等式(3.25)的右边应用不等式(1.15), 可得

$$\sum_{s=1}^{n} \left(\prod_{i=1}^{m} A_{si} \right) \sum_{r=1}^{n} \left(\prod_{j=1}^{m} A_{rj} \right) (1 - e_r + e_s)$$

$$\geq \left(\sum_{s=1}^{n} \sum_{r=1}^{n} A_{s1}^{\lambda_1} A_{r1}^{\lambda_1} (1 - e_r + e_s) \right)^{\frac{1}{\lambda_1} - \sum_{j=2}^{m} \frac{1}{\lambda_j}}$$

$$\cdot \left[\prod_{j=2}^{m} \left(\sum_{s=1}^{n} \sum_{r=1}^{n} A_{s1}^{\lambda_1} A_{rj}^{\lambda_j} (1 - e_r + e_s) \right)^{\frac{1}{\lambda_j}} \right]$$

$$\cdot \left[\prod_{j=2}^{m} \left(\sum_{s=1}^{n} \sum_{r=1}^{n} A_{sj}^{\lambda_j} A_{r1}^{\lambda_1} (1 - e_r + e_s) \right)^{\frac{1}{\lambda_j}} \right]$$

$$= \left(\sum_{r=1}^{n} A_{r1}^{\lambda_1} \right)^{\frac{2}{\lambda_1} - \sum_{j=2}^{m} \frac{2}{\lambda_j}} \left\{ \prod_{j=2}^{m} \left[\left(\sum_{s=1}^{n} \sum_{r=1}^{n} A_{s1}^{\lambda_1} A_{rj}^{\lambda_j} (1 - e_r + e_s) \right) \right. \right.$$

$$\left. \left. \cdot \left(\sum_{s=1}^{n} \sum_{r=1}^{n} A_{sj}^{\lambda_j} A_{r1}^{\lambda_1} (1 - e_r + e_s) \right) \right]^{\frac{1}{\lambda_j}} \right\}$$

$$= \left(\sum_{r=1}^{n} A_{r1}^{\lambda_1} \right)^{\frac{2}{\lambda_1} - \sum_{j=2}^{m} \frac{2}{\lambda_j}} \left\{ \prod_{j=2}^{m} \left[\left(\sum_{s=1}^{n} A_{s1}^{\lambda_1} \sum_{r=1}^{n} A_{rj}^{\lambda_j} \right. \right. \right.$$

$$\left. - \sum_{s=1}^{n} A_{s1}^{\lambda_1} \sum_{r=1}^{n} A_{rj}^{\lambda_j} e_r + \sum_{s=1}^{n} A_{s1}^{\lambda_1} e_s \sum_{r=1}^{n} A_{rj}^{\lambda_j} \right)$$

$$\left. \left. \cdot \left(\sum_{s=1}^{n} A_{sj}^{\lambda_j} \sum_{r=1}^{n} A_{r1}^{\lambda_1} - \sum_{s=1}^{n} A_{sj}^{\lambda_j} \sum_{r=1}^{n} A_{r1}^{\lambda_1} e_r + \sum_{s=1}^{n} A_{sj}^{\lambda_j} e_s \sum_{r=1}^{n} A_{r1}^{\lambda_1} \right) \right]^{\frac{1}{\lambda_j}} \right\}$$

$$= \left(\sum_{r=1}^{n} A_{r1}^{\lambda_1} \right)^{\frac{2}{\lambda_1} - \sum_{j=2}^{m} \frac{2}{\lambda_j}}$$

$$\cdot \left\{ \prod_{j=2}^{m} \left[\left(\left(\sum_{r=1}^{n} A_{r1}^{\lambda_1} \right) \left(\sum_{r=1}^{n} A_{rj}^{\lambda_j} \right) \right)^2 \right. \right.$$

$$- \left(\left(\sum_{r=1}^{n} A_{r1}^{\lambda_1} \right) \left(\sum_{r=1}^{n} A_{rj}^{\lambda_j} e_r \right) \right.$$

$$\left. \left. \left. - \left(\sum_{r=1}^{n} A_{r1}^{\lambda_1} e_r \right) \left(\sum_{r=1}^{n} A_{rj}^{\lambda_j} \right) \right)^2 \right]^{\frac{1}{\lambda_j}} \right\}. \tag{3.26}$$

进而由不等式(3.24)和(3.26)立刻得到我们要证的不等式(3.22). □

利用上述两个定理, 我们得到一般化的 Hölder 不等式的如下两个改进形式:

推论 3.5 设 $A_{rj} > 0$ $(r = 1, 2, \cdots, n, \ j = 1, 2, \cdots, m)$, $\sum_{j=1}^{m} \frac{1}{\lambda_j} = 1$, $\sum_{r=1}^{n} A_{rj}^{\lambda_j}$

$\neq 0$, 并且 $1 - e_r + e_s \geq 0$ $(s = 1, 2, \cdots, n)$. 如果 $\lambda_1 > 0$, $\lambda_j < 0$ $(j = 2, 3, \cdots, m)$, 则

$$\sum_{r=1}^{n} \prod_{j=1}^{m} A_{rj} \geq \left[\prod_{j=1}^{m} \left(\sum_{r=1}^{n} A_{rj}^{\lambda_j} \right)^{\frac{1}{\lambda_j}} \right]$$

$$\left\{ \prod_{j=2}^{m} \left[1 - \frac{1}{2\lambda_j} \left(\frac{\sum_{r=1}^{n} A_{r1}^{\lambda_1} e_r}{\sum_{r=1}^{n} A_{r1}^{\lambda_1}} - \frac{\sum_{r=1}^{n} A_{rj}^{\lambda_j} e_r}{\sum_{r=1}^{n} A_{rj}^{\lambda_j}} \right)^2 \right] \right\}. \tag{3.27}$$

推论 3.6 设 $F_j(x)$ 是定义在 $[a, b]$ 上的非负可积函数, 并且 $\int_a^b F_j^{\lambda_j}(x) \mathrm{d}x$

存在且不等于 0, 设 $1 - e(x) + e(y) \geq 0$, $\int_a^b e(x) \mathrm{d}x < \infty$, 并且

$\sum_{j=1}^{m} \frac{1}{\lambda_j} = 1$. 如果 $\lambda_1 > 0$, $\lambda_j < 0$ $(j = 2, 3, \cdots, m)$, 则有

$$\int_a^b \prod_{j=1}^m F_j(x)\mathrm{d}x \geq \left[\prod_{j=1}^m \left(\int_a^b F_j^{\lambda_j}(x)\mathrm{d}x\right)^{\frac{1}{\lambda_j}}\right]$$

$$\cdot\left\{\prod_{j=2}^m\left[1-\frac{1}{2\lambda_j}\left(\frac{\int_a^b F_1^{\lambda_1}(x)e(x)\mathrm{d}x}{\int_a^b F_1^{\lambda_1}(x)\mathrm{d}x}-\frac{\int_a^b F_j^{\lambda_j}(x)e(x)\mathrm{d}x}{\int_a^b F_j^{\lambda_j}(x)\mathrm{d}x}\right)^2\right]\right\}.$$

$$(3.28)$$

3.4　反向胡克不等式的第三种推广

这一节我们将首先给出胡克得到的胡克不等式的一种反向形式，然后再给出作者本人得到的该反向形式的推广.

定理 3.7[14]　设 $\boldsymbol{\alpha}=(a_1,a_2,\cdots,a_n)$，$\boldsymbol{\beta}=(b_1,b_2,\cdots,b_n)$，$a_k>0$，$b_k>0$ $(k=1,2,\cdots,n)$，并且 $\boldsymbol{e}=(e_1,e_2,\cdots,e_n)$，$1-e_i+e_j\geq 0$ $(i,j=1,2,\cdots,n)$. 如果 $q<0$，$\frac{1}{p}+\frac{1}{q}=1$，$\lambda=\max\left\{-1,\frac{1}{q}\right\}$，则有

$$(\boldsymbol{\alpha},\boldsymbol{\beta})\geq(\boldsymbol{\alpha}^p,\varepsilon)^{\frac{1}{p}}(\boldsymbol{\beta}^q,\varepsilon)^{\frac{1}{q}}\left[1-\left(\frac{(\boldsymbol{\alpha},\boldsymbol{\beta})(\boldsymbol{\beta}^q,\boldsymbol{e})-(\boldsymbol{\alpha},\boldsymbol{\beta},\boldsymbol{e})(\boldsymbol{\beta}^q,\varepsilon)}{(\boldsymbol{\alpha},\boldsymbol{\beta})(\boldsymbol{\beta}^q,\varepsilon)}\right)^2\right]^{\frac{\lambda}{2}},$$

$$(3.29)$$

其中，$(\boldsymbol{\alpha},\boldsymbol{\beta})=\sum_{k=1}^n a_kb_k$，$\varepsilon=(1,1,\cdots,1)$，$(\boldsymbol{\alpha}^t,\varepsilon)=\sum_{k=1}^n a_k^t$，$(\boldsymbol{\alpha},\boldsymbol{\beta},\boldsymbol{e})=\sum_{k=1}^n a_kb_ke_k$.

证　设 $l=\frac{1}{p}$，$l'=-\frac{q}{p}$，则 $l>1$，$\frac{1}{l}+\frac{1}{l'}=1$. 此外设 $\boldsymbol{\gamma}=(a_1^pb_1^p,a_2^pb_2^p,\cdots,a_n^pb_n^p)$，$\boldsymbol{\delta}=(b_1^{-p},b_2^{-p},\cdots,b_n^{-p})$. 在胡克不等式(2.1)中利用以下替换：

$$p\to l,\ q\to l',\ \boldsymbol{\alpha}\to\boldsymbol{\gamma},\ \boldsymbol{\beta}\to\boldsymbol{\delta},$$

有

$$(\gamma,\delta) \le (\gamma^l,\varepsilon)^{\frac{1}{l}}(\delta^{l'},\varepsilon)^{\frac{1}{l'}}\left[1-\left(\frac{(\gamma^l,\varepsilon)(\delta^{l'},e)-(\gamma^l,e)(\delta^{l'},\varepsilon)}{(\gamma^l,\varepsilon)(\delta^{l'},\varepsilon)}\right)^2\right]^{\frac{1}{2l}}. \tag{3.30}$$

进而

$$(\alpha^p,\varepsilon) \le (\alpha,\beta)^{\frac{1}{l}}(\beta^q,\varepsilon)^{\frac{1}{l'}}\left[1-\left(\frac{(\alpha,\beta)(\beta^q,e)-(\alpha,\beta,e)(\beta^q,\varepsilon)}{(\alpha,\beta)(\beta^q,\varepsilon)}\right)^2\right]^{\frac{1}{2l}}. \tag{3.31}$$

在不等式(3.31)两端开 p 次方根, 有要证的不等式:

$$(\alpha,\beta) \ge (\alpha^p,\varepsilon)^{\frac{1}{p}}(\beta^q,\varepsilon)^{\frac{1}{q}}\left[1-\left(\frac{(\alpha,\beta)(\beta^q,e)-(\alpha,\beta,e)(\beta^q,\varepsilon)}{(\alpha,\beta)(\beta^q,\varepsilon)}\right)^2\right]^{-\frac{1}{2}}. \tag{3.32}$$

$\square$

定理 3.8[33] 设 $\alpha=(a_1,a_2,\cdots,a_n)$, $\beta=(b_1,b_2,\cdots,b_n)$, $a_k>0$, $b_k>0$ ($k=1,2,\cdots,n$), 并且 $e=(e_1,e_2,\cdots,e_n)$, $1-e_i+e_j\ge 0$ ($i,j=1,2,\cdots,n$). 如果 $q<0$, $\frac{1}{p}+\frac{1}{q}\ge 0$, $\rho=\max\left\{\frac{1}{p}+\frac{1}{q},1\right\}$, $\lambda=\max\left\{-1,\frac{1}{q}\right\}$, 则有

$$(\alpha,\beta) \ge n^{1-\rho}(\alpha^p,\varepsilon)^{\frac{1}{p}}(\beta^q,\varepsilon)^{\frac{1}{q}}\left[1-\left(\frac{(\alpha,\beta)(\beta^q,e)-(\alpha,\beta,e)(\beta^q,\varepsilon)}{(\alpha,\beta)(\beta^q,\varepsilon)}\right)^2\right]^{\frac{\lambda}{2}}, \tag{3.33}$$

其中, $(\alpha,\beta)=\sum_{k=1}^{n}a_kb_k$, $\varepsilon=(1,1,\cdots,1)$, $(\alpha^t,\varepsilon)=\sum_{k=1}^{n}a_k^t$, $(\alpha,\beta,e)=\sum_{k=1}^{n}a_kb_ke_k$.

证 (1) 当 $-1\le q<0$ 时, 因为 $\frac{1}{p}+\frac{1}{q}\ge 0$, 于是 $0<p\le 1$. 设 $l=\frac{1}{p}$, $l'=-\frac{q}{p}$, 则 $l\ge l'>0$. 此外, 设 $\gamma=(a_1^pb_1^p,a_2^pb_2^p,\cdots,a_n^pb_n^p)$, $\delta=(b_1^{-p},b_2^{-p},\cdots,b_n^{-p})$. 当 $0<\frac{1}{l}+\frac{1}{l'}<1$ 时, 在(2.8)中利用以下替换:

$$p \to l, \ q \to l', \ \boldsymbol{\alpha} \to \gamma, \ \boldsymbol{\beta} \to \delta,$$

有

$$(\gamma, \delta) \le n^{1 - \frac{1}{l} - \frac{1}{l'}} (\gamma^l, \varepsilon)^{\frac{1}{l}} (\delta^{l'}, \varepsilon)^{\frac{1}{l'}} \left[1 - \left(\frac{(\gamma^l, \varepsilon)(\delta^{l'}, e) - (\gamma^l, e)(\delta^{l'}, \varepsilon)}{(\gamma^l, \varepsilon)(\delta^{l'}, \varepsilon)} \right)^2 \right]^{\frac{1}{2l}}. \tag{3.34}$$

进而

$$(\boldsymbol{\alpha}^p, \varepsilon) \le n^{1 - \frac{1}{l} - \frac{1}{l'}} (\boldsymbol{\alpha}, \boldsymbol{\beta})^{\frac{1}{l}} (\boldsymbol{\beta}^q, \varepsilon)^{\frac{1}{l'}} \left[1 - \left(\frac{(\boldsymbol{\alpha}, \boldsymbol{\beta})(\boldsymbol{\beta}^q, e) - (\boldsymbol{\alpha}, \boldsymbol{\beta}, e)(\boldsymbol{\beta}^q, \varepsilon)}{(\boldsymbol{\alpha}, \boldsymbol{\beta})(\boldsymbol{\beta}^q, \varepsilon)} \right)^2 \right]^{\frac{1}{2l}}. \tag{3.35}$$

现在在不等式(3.35)两端开 p 次方根, 有

$$(\boldsymbol{\alpha}, \boldsymbol{\beta}) \ge n^{1 - \frac{1}{p} - \frac{1}{q}} (\boldsymbol{\alpha}^p, \varepsilon)^{\frac{1}{p}} (\boldsymbol{\beta}^q, \varepsilon)^{\frac{1}{q}} \left[1 - \left(\frac{(\boldsymbol{\alpha}, \boldsymbol{\beta})(\boldsymbol{\beta}^q, e) - (\boldsymbol{\alpha}, \boldsymbol{\beta}, e)(\boldsymbol{\beta}^q, \varepsilon)}{(\boldsymbol{\alpha}, \boldsymbol{\beta})(\boldsymbol{\beta}^q, \varepsilon)} \right)^2 \right]^{-\frac{1}{2}}. \tag{3.36}$$

由于 $0 < \dfrac{1}{l} + \dfrac{1}{l'} < 1$, 从而 $\dfrac{1}{p} + \dfrac{1}{q} > 1$. 于是

$$(\boldsymbol{\alpha}, \boldsymbol{\beta}) \ge n^{1 - \max\left\{ \frac{1}{p} + \frac{1}{q}, 1 \right\}} (\boldsymbol{\alpha}^p, \varepsilon)^{\frac{1}{p}} (\boldsymbol{\beta}^q, \varepsilon)^{\frac{1}{q}}$$
$$\cdot \left[1 - \left(\frac{(\boldsymbol{\alpha}, \boldsymbol{\beta})(\boldsymbol{\beta}^q, e) - (\boldsymbol{\alpha}, \boldsymbol{\beta}, e)(\boldsymbol{\beta}^q, \varepsilon)}{(\boldsymbol{\alpha}, \boldsymbol{\beta})(\boldsymbol{\beta}^q, \varepsilon)} \right)^2 \right]^{-\frac{1}{2}}. \tag{3.37}$$

当 $\dfrac{1}{l} + \dfrac{1}{l'} \ge 1$ 时, 有 $\dfrac{1}{p} + \dfrac{1}{q} \le 1$. 类似地, 有

$$(\boldsymbol{\alpha}, \boldsymbol{\beta}) \ge (\boldsymbol{\alpha}^p, \varepsilon)^{\frac{1}{p}} (\boldsymbol{\beta}^q, \varepsilon)^{\frac{1}{q}}$$
$$\cdot \left[1 - \left(\frac{(\boldsymbol{\alpha}, \boldsymbol{\beta})(\boldsymbol{\beta}^q, e) - (\boldsymbol{\alpha}, \boldsymbol{\beta}, e)(\boldsymbol{\beta}^q, \varepsilon)}{(\boldsymbol{\alpha}, \boldsymbol{\beta})(\boldsymbol{\beta}^q, \varepsilon)} \right)^2 \right]^{-\frac{1}{2}}$$
$$= n^{1 - \max\left\{ \frac{1}{p} + \frac{1}{q}, 1 \right\}} (\boldsymbol{\alpha}^p, \varepsilon)^{\frac{1}{p}} (\boldsymbol{\beta}^q, \varepsilon)^{\frac{1}{q}}$$
$$\cdot \left[1 - \left(\frac{(\boldsymbol{\alpha}, \boldsymbol{\beta})(\boldsymbol{\beta}^q, e) - (\boldsymbol{\alpha}, \boldsymbol{\beta}, e)(\boldsymbol{\beta}^q, \varepsilon)}{(\boldsymbol{\alpha}, \boldsymbol{\beta})(\boldsymbol{\beta}^q, \varepsilon)} \right)^2 \right]^{-\frac{1}{2}}. \tag{3.38}$$

(2) 当 $q < -1$ 时, 采用与(1)类似的方法可得

$$(\boldsymbol{\alpha}, \boldsymbol{\beta}) \geq n^{1-\max\left\{\frac{1}{p}+\frac{1}{q}, 1\right\}} (\boldsymbol{\alpha}^p, \boldsymbol{\varepsilon})^{\frac{1}{p}} (\boldsymbol{\beta}^q, \boldsymbol{\varepsilon})^{\frac{1}{q}}$$

$$\cdot \left[1 - \left(\frac{(\boldsymbol{\alpha}, \boldsymbol{\beta})(\boldsymbol{\beta}^q, \boldsymbol{e}) - (\boldsymbol{\alpha}, \boldsymbol{\beta}, \boldsymbol{e})(\boldsymbol{\beta}^q, \boldsymbol{\varepsilon})}{(\boldsymbol{\alpha}, \boldsymbol{\beta})(\boldsymbol{\beta}^q, \boldsymbol{\varepsilon})}\right)^2\right]^{\frac{1}{2q}}. \tag{3.39}$$

于是得到要证的不等式(3.33). $\qquad\qquad\qquad\qquad\qquad\qquad\square$

利用定理 3.8, 易得 Hölder 不等式的如下推广和改进:

推论 3.7[33] 设 $\boldsymbol{\alpha} = (a_1, a_2, \cdots, a_n)$, $\boldsymbol{\beta} = (b_1, b_2, \cdots, b_n)$, $a_k > 0$, $b_k > 0$ $(k = 1, 2, \cdots, n)$, 并且 $\boldsymbol{e} = (e_1, e_2, \cdots, e_n)$, $1 - e_i + e_j \geq 0$ $(i, j = 1, 2, \cdots, n)$. 如果 $q < 0$, $\frac{1}{p} + \frac{1}{q} \geq 0$, $\rho = \max\left\{\frac{1}{p} + \frac{1}{q}, 1\right\}$, $\lambda = \max\left\{-1, \frac{1}{q}\right\}$, 则有

$$(\boldsymbol{\alpha}, \boldsymbol{\beta}) \geq n^{1-\rho} (\boldsymbol{\alpha}^p, \boldsymbol{\varepsilon})^{\frac{1}{p}} (\boldsymbol{\beta}^q, \boldsymbol{\varepsilon})^{\frac{1}{q}} \left[1 - \frac{\lambda}{2}\left(\frac{(\boldsymbol{\alpha}, \boldsymbol{\beta})(\boldsymbol{\beta}^q, \boldsymbol{e}) - (\boldsymbol{\alpha}, \boldsymbol{\beta}, \boldsymbol{e})(\boldsymbol{\beta}^q, \boldsymbol{\varepsilon})}{(\boldsymbol{\alpha}, \boldsymbol{\beta})(\boldsymbol{\beta}^q, \boldsymbol{\varepsilon})}\right)^2\right].$$

$$\tag{3.40}$$

特别地, 在(3.40)中, 如果取 $\frac{1}{p} + \frac{1}{q} = 1$, 则由上述推论可得 Hölder 不等式的如下改进:

推论 3.8[33] 设 $a_k > 0$, $b_k > 0$ $(k = 1, 2, \cdots, n)$, $1 - e_i + e_j \geq 0$ $(i, j = 1, 2, \cdots, n)$, $q < 0$, $\frac{1}{p} + \frac{1}{q} = 1$, 并且 $\lambda = \max\left\{-1, \frac{1}{q}\right\}$, 则有

$$\sum_{k=1}^{n} a_k b_k \geq \left(\sum_{k=1}^{n} a_k^p\right)^{\frac{1}{p}} \left(\sum_{k=1}^{n} b_k^q\right)^{\frac{1}{q}} \left[1 - \frac{\lambda}{2}\left(\frac{\sum_{k=1}^{n} b_k^q e_k}{\sum_{k=1}^{n} b_k^q} - \frac{\sum_{k=1}^{n} a_k b_k e_k}{\sum_{k=1}^{n} a_k b_k}\right)^2\right].$$

$$\tag{3.41}$$

定理 3.9[33] 设 $f(x), g(x), e(x)$ 是定义在 $[a, b]$ 上的可积函数, 并且 $f(x) > 0$, $g(x) > 0$, $1 - e(x) + e(y) \geq 0$. 如果 $q < 0$, $\frac{1}{p} + \frac{1}{q} \geq 1$, $\lambda = \max\left\{-1, \frac{1}{q}\right\}$, 则有

$$\int_a^b f(x)g(x)\mathrm{d}x \geq (b-a)^{1-\frac{1}{p}-\frac{1}{q}} \left(\int_a^b f^p(x)\mathrm{d}x \right)^{\frac{1}{p}} \left(\int_a^b g^q(x)\mathrm{d}x \right)^{\frac{1}{q}}$$

$$\cdot \left[1 - \left(\frac{\int_a^b f(x)g(x)e(x)\mathrm{d}x}{\int_a^b f(x)g(x)\mathrm{d}x} - \frac{\int_a^b g^q(x)e(x)\mathrm{d}x}{\int_a^b g^q(x)\mathrm{d}x} \right)^2 \right]^{\frac{\lambda}{2}} .$$

$$(3.42)$$

证　对于任意的正整数 n, 将区间 $[a,b]$ n 等分:

$$a < a + \frac{b-a}{n} < \cdots < a + \frac{b-a}{n}k < \cdots < a + \frac{b-a}{n}(n-1) < b,$$

$$x_k = a + \frac{b-a}{n}k, \ \Delta x_k = \frac{b-a}{n}, \quad k = 1, 2, \cdots, n.$$

由定理 3.8, 我们得到以下不等式:

$$\sum_{k=1}^n f(x_k)g(x_k) \geq n^{1-\frac{1}{p}-\frac{1}{q}} \left(\sum_{k=1}^n f^p(x_k) \right)^{\frac{1}{p}} \left(\sum_{k=1}^n g^q(x_k) \right)^{\frac{1}{q}}$$

$$\cdot \left[1 - \left(\frac{\sum_{k=1}^n f(x_k)g(x_k)e(x_k)}{\sum_{k=1}^n f(x_k)g(x_k)} - \frac{\sum_{k=1}^n g^q(x_k)e(x_k)}{\sum_{k=1}^n g^q(x_k)} \right)^2 \right]^{\frac{\lambda}{2}},$$

$$(3.43)$$

也就是

$$\sum_{k=1}^n f(x_k)g(x_k)\frac{b-a}{n}$$

$$\geq (b-a)^{1-\frac{1}{p}-\frac{1}{q}} \left(\sum_{k=1}^n f^p(x_k)\frac{b-a}{n} \right)^{\frac{1}{p}} \left(\sum_{k=1}^n g^q(x_k)\frac{b-a}{n} \right)^{\frac{1}{q}}$$

$$\cdot \left[1 - \left(\frac{\sum_{k=1}^n f(x_k)g(x_k)e(x_k)\frac{b-a}{n}}{\sum_{k=1}^n f(x_k)g(x_k)\frac{b-a}{n}} - \frac{\sum_{k=1}^n g^q(x_k)e(x_k)\frac{b-a}{n}}{\sum_{k=1}^n g^q(x_k)\frac{b-a}{n}} \right)^2 \right]^{\frac{\lambda}{2}} .$$

$$(3.44)$$

因为 $f(x), g(x), e(x)$ 是正的黎曼可积函数, 于是 $f^p(x), g^q(x), g^q(x)e(x)$ 在 $[a, b]$ 上也是可积的. 在不等式(3.44)两端令 $n \to \infty$, 于是得到要证的不等式(3.42). □

利用定理 3.9, 易得积分型 Hölder 不等式的如下推广和改进:

推论 3.9[33] 设 $f(x), g(x), e(x)$ 是定义在 $[a, b]$ 上的可积函数, 并且 $f(x) > 0$, $g(x) > 0$, $1 - e(x) + e(y) \geq 0$. 如果 $q < 0$, $\dfrac{1}{p} + \dfrac{1}{q} \geq 1$, $\lambda = \max\left\{-1, \dfrac{1}{q}\right\}$, 则有

$$\int_a^b f(x)g(x)\mathrm{d}x \geq (b-a)^{1-\frac{1}{p}-\frac{1}{q}} \left(\int_a^b f^p(x)\mathrm{d}x\right)^{\frac{1}{p}} \left(\int_a^b g^q(x)\mathrm{d}x\right)^{\frac{1}{q}}$$
$$\cdot \left[1 - \frac{\lambda}{2}\left(\frac{\displaystyle\int_a^b f(x)g(x)e(x)\mathrm{d}x}{\displaystyle\int_a^b f(x)g(x)\mathrm{d}x} - \frac{\displaystyle\int_a^b g^q(x)e(x)\mathrm{d}x}{\displaystyle\int_a^b g^q(x)\mathrm{d}x}\right)^2\right],$$

$$\tag{3.45}$$

例 3.1[33] 在(3.45)中, 取 $a = 0$, $e(x) = \dfrac{1}{2}\cos\dfrac{2\pi x}{b}$, 则有

$$\int_0^b f(x)g(x)\mathrm{d}x \geq b^{1-\frac{1}{p}-\frac{1}{q}} \left(\int_0^b f^p(x)\mathrm{d}x\right)^{\frac{1}{p}} \left(\int_0^b g^q(x)\mathrm{d}x\right)^{\frac{1}{q}}$$
$$\cdot \left[1 - \frac{\lambda}{8}\left(\frac{\displaystyle\int_0^b f(x)g(x)\cos\frac{2\pi x}{b}\mathrm{d}x}{\displaystyle\int_0^b f(x)g(x)\mathrm{d}x} - \frac{\displaystyle\int_0^b g^q(x)\cos\frac{2\pi x}{b}\mathrm{d}x}{\displaystyle\int_0^b g^q(x)\mathrm{d}x}\right)^2\right],$$

$$\tag{3.46}$$

其中 $\lambda = \max\left\{-1, \dfrac{1}{q}\right\}$.

特别地, 在(3.45)中取 $\dfrac{1}{p} + \dfrac{1}{q} = 1$, 由推论 3.9, 我们得到以下改进的 Hölder 不等式:

推论 3.10[33]　设 $f(x), g(x), e(x)$ 是定义在 $[a, b]$ 上的可积函数, 并且 $f(x) > 0$, $g(x) > 0$, $1 - e(x) + e(y) \geq 0$. 如果 $q < 0$, $\frac{1}{p} + \frac{1}{q} = 1$, 则有

$$
\int_a^b f(x)g(x)\mathrm{d}x \geq \left(\int_a^b f^p(x)\mathrm{d}x\right)^{\frac{1}{p}} \left(\int_a^b g^q(x)\mathrm{d}x\right)^{\frac{1}{q}}
$$
$$
\cdot \left[1 - \frac{\lambda}{2}\left(\frac{\displaystyle\int_a^b f(x)g(x)e(x)\mathrm{d}x}{\displaystyle\int_a^b f(x)g(x)\mathrm{d}x} - \frac{\displaystyle\int_a^b g^q(x)e(x)\mathrm{d}x}{\displaystyle\int_a^b g^q(x)\mathrm{d}x}\right)^2\right],
$$

$$\tag{3.47}$$

其中 $\lambda = \max\left\{-1, \frac{1}{q}\right\}$.

采用和定理 3.8 类似的方法, 我们得到胡克不等式的如下反向形式:

定理 3.10[33]　设 E 是可测集, $f(x), g(x)$ 是 E 上正的可测函数, 并且 $\displaystyle\int_E f^p(x)\mathrm{d}x < \infty$, $\displaystyle\int_E g^q(x)\mathrm{d}x < \infty$, $e(x)$ 是可测函数, $\displaystyle\int_E e(x)\mathrm{d}x < \infty$, $1 - e(x) + e(y) \geq 0$. 如果 $q < 0$, $\frac{1}{p} + \frac{1}{q} = 1$, 则有

$$
\int_E f(x)g(x)\mathrm{d}x \geq \left(\int_E f^p(x)\mathrm{d}x\right)^{\frac{1}{p}} \left(\int_E g^q(x)\mathrm{d}x\right)^{\frac{1}{q}}
$$
$$
\cdot \left[1 - \left(\frac{\displaystyle\int_E f(x)g(x)e(x)\mathrm{d}x}{\displaystyle\int_E f(x)g(x)\mathrm{d}x} - \frac{\displaystyle\int_E g^q(x)e(x)\mathrm{d}x}{\displaystyle\int_E g^q(x)\mathrm{d}x}\right)^2\right]^{\frac{\lambda}{2}},
$$

$$\tag{3.48}$$

其中 $\lambda = \max\left\{-1, \frac{1}{q}\right\}$.

第4章
几个重要不等式构成的函数的单调性性质

在这一章中, 我们介绍胡克不等式、反向胡克不等式、Hölder 不等式及 Minkowski 不等式构成的函数的单调性性质.

4.1　胡克不等式构成的函数的单调性

定理 4.1[13]　设 $A_r, B_r \geq 0$, $1 - e_r + e_k \geq 0$ $(r, k = 1, 2, \cdots)$, 以及 $p \geq q > 0$, $\frac{1}{p} + \frac{1}{q} = 1$. 记

$$F(n) = \left(\sum_{r=1}^{n} A_r B_r\right)^2 - \left(\sum_{r=1}^{n} A_r^p\right)^{\frac{2}{p} - \frac{2}{q}} \left\{\left[\left(\sum_{r=1}^{n} A_r^p\right)\left(\sum_{r=1}^{n} B_r^q\right)\right]^2\right.$$
$$\left. - \left[\left(\sum_{r=1}^{n} A_r^p e_r\right)\left(\sum_{r=1}^{n} B_r^q\right) - \left(\sum_{r=1}^{n} A_r^p\right)\left(\sum_{r=1}^{n} B_r^q e_r\right)\right]^2\right\}^{\frac{1}{q}}.$$

(4.1)

则有

$$F(n) \geq F(n+1).$$

(4.2)

这个定理的积分形式如下:

定理 4.2[13]　设 $f(x), g(x), e(x)$ 是定义在 $[a, b]$ 上的可积函数, 并且

48

$f(x), g(x) \geq 0,\ 1 - e(x) + e(y) \geq 0.$ 如果 $p \geq q > 0,\ \dfrac{1}{p} + \dfrac{1}{q} = 1,$ 并且记

$$G(t) = \left(\int_a^t f(x)g(x)\mathrm{d}x \right)^2 - \left(\int_a^t f^p(x)\mathrm{d}x \right)^{\frac{2}{p} - \frac{2}{q}}$$

$$\cdot \left[\left(\int_a^t f^p(x)\mathrm{d}x \int_a^t g^q(x)\mathrm{d}x \right)^2 - \left(\int_a^t f^p(x)e(x)\mathrm{d}x \int_a^t g^q(x)\mathrm{d}x \right. \right.$$

$$\left. \left. - \int_a^t f^p(x)\mathrm{d}x \int_a^t g^q(x)e(x)\mathrm{d}x \right)^2 \right]^{\frac{1}{q}}. \tag{4.3}$$

则有

$$G(t_1) \geq G(t_2), \quad a \leq t_1 \leq t_2 \leq b. \tag{4.4}$$

证明可参考文献 [13].

注意：对于(4.1)，如果我们令 $n = 1$，则有 $F(1) = 0$. 进而由定理4.1就可以得到离散型的胡克不等式. 类似地，对于(4.4)，如果设 $t_1 = a$，$t_2 = b$，利用定理 4.2 就可以得到积分型的胡克不等式.

4.2　反向胡克不等式构成的函数的单调性

定理 4.3[35]　设 $A_r \geq 0,\ B_r > 0,\ 1 - e_r + e_k \geq 0\ (r, k = 1, 2, \cdots)$ 及 $q < 0$，$\dfrac{1}{p} + \dfrac{1}{q} = 1.$ 记

$$F(n) = \left(\sum_{r=1}^n A_r B_r \right)^2 - \left(\sum_{r=1}^n A_r^p \right)^{\frac{2}{p} - \frac{2}{q}} \left\{ \left[\left(\sum_{r=1}^n A_r^p \right) \left(\sum_{r=1}^n B_r^q \right) \right]^2 \right.$$

$$\left. - \left[\left(\sum_{r=1}^n A_r^p e_r \right) \left(\sum_{r=1}^n B_r^q \right) - \left(\sum_{r=1}^n A_r^p \right) \left(\sum_{r=1}^n B_r^q e_r \right) \right]^2 \right\}^{\frac{1}{q}}. \tag{4.5}$$

则有

$$F(n) \leq F(n + 1). \tag{4.6}$$

这个定理的积分形式如下：

定理 4.4[35]   设 $f(x), g(x), e(x)$ 是定义在 $[a,b]$ 上的可积函数，并且 $f(x) \geq 0,\ g(x) > 0,\ 1 - e(x) + e(y) \geq 0$. 如果 $q < 0,\ \dfrac{1}{p} + \dfrac{1}{q} = 1$，并且记

$$G(t) = \left(\int_a^t f(x)g(x)\mathrm{d}x \right)^2 - \left(\int_a^t f^p(x)\mathrm{d}x \right)^{\frac{2}{p} - \frac{2}{q}} \left[\left(\int_a^t f^p(x)\mathrm{d}x \int_a^t g^q(x)\mathrm{d}x \right)^2 \right.$$

$$\left. - \left(\int_a^t f^p(x)e(x)\mathrm{d}x \int_a^t g^q(x)\mathrm{d}x - \int_a^t f^p(x)\mathrm{d}x \int_a^t g^q(x)e(x)\mathrm{d}x \right)^2 \right]^{\frac{1}{q}},$$

$$\tag{4.7}$$

则有

$$G(t_1) \leq G(t_2), \quad a \leq t_1 \leq t_2 \leq b. \tag{4.8}$$

证   这里仅仅给出不等式(4.6)的证明. 不等式(4.8)的证明可以类似地给出. 经过一些简单的运算，有

$$\sum_{r=1}^N A_r B_r \sum_{k=1}^N A_k B_k (1 - e_r + e_k)$$

$$= \sum_{r=1}^N \sum_{k=1}^N A_r B_r A_k B_k - \sum_{r=1}^N \sum_{k=1}^N A_r B_r A_k B_k e_r + \sum_{r=1}^N \sum_{k=1}^N A_r B_r A_k B_k e_k$$

$$= \left(\sum_{r=1}^N A_r B_r \right)^2. \tag{4.9}$$

对于任意的 $C_{kr} > 0,\ D_{kr} > 0,\ k, r = 1, 2, \cdots$，令

$$X_{nr} = \sum_{k=1}^n C_{kr}^p, \quad Y_{nr} = \sum_{k=1}^n D_{kr}^q.$$

一方面，对于 $t, s > 0$，由定理 1.10 可知

$$A_r B_r X_{nr}^{\frac{1}{p}} Y_{nr}^{\frac{1}{q}} = t B_r X_{nr}^{\frac{1}{q}} t^{-1} \left(A_r^{\frac{p}{q}} Y_{nr}^{\frac{1}{q}} A_r^{1 - \frac{p}{q}} X_{nr}^{\frac{p}{q} - \frac{1}{q}} \right)$$

$$\geq \frac{1}{q} t^q B_r^q X_{nr} + \frac{1}{p} t^{-p} \left(A_r^{\frac{p}{q}} Y_{nr}^{\frac{1}{q}} A_r^{1 - \frac{p}{q}} X_{nr}^{\frac{p}{q} - \frac{1}{q}} \right)^p$$

$$= \frac{1}{q} t^q B_r^q X_{nr} + \frac{1}{p} t^{-p} s A_r^{\frac{p^2}{q}} Y_{nr}^{\frac{p}{q}} s^{-1} A_r^{p - \frac{p^2}{q}} X_{nr}^{1 - \frac{p}{q}}$$

$$\geq \frac{1}{q}t^q B_r^q X_{nr} + \frac{1}{p}t^{-p}\left[\frac{p}{q}s^{\frac{q}{p}}A_r^p Y_{nr} + \left(1 - \frac{p}{q}\right)s^{\frac{q}{p-q}}A_r^p X_{nr}\right]$$

$$= \frac{1}{q}t^q B_r^q X_{nr} + \frac{1}{q}t^{-p}s^{\frac{q}{p}}A_r^p Y_{nr} + \left(\frac{1}{p} - \frac{1}{q}\right)t^{-p}s^{\frac{q}{p-q}}A_r^p X_{nr}. \qquad (4.10)$$

另一方面, 由 Hölder 不等式有

$$\sum_{k=1}^{n} C_{kr}D_{kr} \geq \left(\sum_{k=1}^{n}C_{kr}^p\right)^{\frac{1}{p}}\left(\sum_{k=1}^{n}D_{kr}^q\right)^{\frac{1}{q}} = X_{nr}^{\frac{1}{p}}Y_{nr}^{\frac{1}{q}}. \qquad (4.11)$$

进而, 对于任意的 $t > 0$, $s > 0$, 如果设

$$F(m,n;s,t) = \sum_{r=1}^{m}A_r B_r\left(\sum_{k=1}^{n}C_{kr}D_{kr}\right) - \frac{1}{q}t^q\sum_{r=1}^{m}B_r^q X_{nr}$$

$$- \frac{1}{q}t^{-p}s^{\frac{q}{p}}\sum_{r=1}^{m}A_r^p Y_{nr} - \left(\frac{1}{p} - \frac{1}{q}\right)t^{-p}s^{\frac{q}{p-q}}\sum_{r=1}^{m}A_r^p X_{nr},$$

$$\qquad (4.12)$$

则利用不等式(4.11)和(4.10), 得到

$$F(m+1,n;s,t) - F(m,n;s,t)$$

$$= A_{m+1}B_{m+1}\sum_{k=1}^{n}C_{k(m+1)}D_{k(m+1)} - \frac{1}{q}t^q B_{m+1}^q X_{n(m+1)}$$

$$- \frac{1}{q}t^{-p}s^{\frac{q}{p}}A_{m+1}^p Y_{n(m+1)} - \left(\frac{1}{p} - \frac{1}{q}\right)t^{-p}s^{\frac{q}{p-q}}A_{m+1}^p X_{n(m+1)}$$

$$\geq A_{m+1}B_{m+1}X_{n(m+1)}^{\frac{1}{p}}Y_{n(m+1)}^{\frac{1}{q}} - \frac{1}{q}t^q B_{m+1}^q X_{n(m+1)}$$

$$- \frac{1}{q}t^{-p}s^{\frac{q}{p}}A_{m+1}^p Y_{n(m+1)} - \left(\frac{1}{p} - \frac{1}{q}\right)t^{-p}s^{\frac{q}{p-q}}A_{m+1}^p X_{n(m+1)}$$

$$\geq 0 \qquad (4.13)$$

和

$$F(m,n+1;s,t) - F(m,n;s,t)$$

$$= \sum_{r=1}^{m}A_r B_r C_{(n+1)r}D_{(n+1)r} - \frac{1}{q}t^q\sum_{r=1}^{m}B_r^q C_{(n+1)r}^p$$

$$- \frac{1}{q}t^{-p}s^{\frac{q}{p}}\sum_{r=1}^{m}A_r^p D_{(n+1)r}^q - \left(\frac{1}{p} - \frac{1}{q}\right)t^{-p}s^{\frac{q}{p-q}}\sum_{r=1}^{m}A_r^p C_{(n+1)r}^p$$

$$\geq 0. \qquad (4.14)$$

进而, 由不等式(4.13)和(4.14)有

$$F(n, n; s, t) \leq F(n+1, n; s, t) \leq F(n+1, n+1; s, t). \tag{4.15}$$

此外考虑到

$$\frac{\partial F(n, n; s, t)}{\partial s} = -\frac{1}{p} t^{-p} s^{\frac{q-p}{p}} \sum_{r=1}^{n} A_r^p Y_{nr} + \frac{1}{p} t^{-p} s^{\frac{2q-p}{p-q}} \sum_{r=1}^{n} A_r^p X_{nr},$$

$$\tag{4.16}$$

$$\frac{\partial F(n, n; s, t)}{\partial t} = -t^{q-1} \sum_{r=1}^{n} B_r^q X_{nr} + \frac{p}{q} t^{-p-1} s^{\frac{q}{p}} \sum_{r=1}^{n} A_r^p Y_{nr}$$

$$+ \left(1 - \frac{p}{q}\right) t^{-p-1} s^{\frac{q}{p-q}} \sum_{r=1}^{n} A_r^p X_{nr}, \tag{4.17}$$

由下面两个方程

$$\frac{\partial F(n, n; s, t)}{\partial s} = 0, \quad \frac{\partial F(n, n; s, t)}{\partial t} = 0,$$

我们得到

$$s_0 = \left(\frac{\sum\limits_{r=1}^{n} A_r^p X_{nr}}{\sum\limits_{r=1}^{n} A_r^p Y_{nr}} \right)^{\frac{p(q-p)}{q^2}},$$

$$t_0 = \frac{1}{\left(\sum\limits_{r=1}^{n} B_r^q X_{nr} \right)^{\frac{1}{pq}}} \left[\left(\sum\limits_{r=1}^{n} A_r^p Y_{nr} \right)^{\frac{1}{q^2}} \left(\sum\limits_{r=1}^{n} A_r^p X_{nr} \right)^{\frac{1}{pq} - \frac{1}{q^2}} \right].$$

从而, 由不等式(4.16)和(4.17)有

$$\frac{\partial^2 F(n, n; s, t)}{\partial s^2} = \frac{p-q}{p^2} t^{-p} s^{\frac{q-2p}{p}} \sum_{r=1}^{n} A_r^p Y_{nr}$$

$$+ \frac{2q-p}{p(p-q)} t^{-p} s^{\frac{3q-2p}{p-q}} \sum_{r=1}^{n} A_r^p X_{nr},$$

$$\tag{4.18}$$

$$\frac{\partial^2 F(n, n; s, t)}{\partial s \partial t} = t^{-p-1} s^{\frac{q-p}{p}} \sum_{r=1}^{n} A_r^p Y_{nr} - t^{-p-1} s^{\frac{2q-p}{p-q}} \sum_{r=1}^{n} A_r^p X_{nr},$$

$$\tag{4.19}$$

$$\frac{\partial^2 F(n,n;s,t)}{\partial t^2} = (1-q)t^{q-2} \sum_{r=1}^{n} B_r^q X_{nr} - \frac{p(p+1)}{q} t^{-p-2} s^{\frac{q}{p}} \sum_{r=1}^{n} A_r^p Y_{nr}$$

$$+ \frac{(p-q)(p+1)}{q} t^{-p-2} s^{\frac{q}{p-q}} \sum_{r=1}^{n} A_r^p X_{nr}. \tag{4.20}$$

经过一些简单的运算, 得到

$$\frac{\partial^2 F(n,n;s,t)}{\partial s^2}\bigg|_{(s_0,t_0)} = \frac{q^2}{p^2(p-q)} \left(\sum_{r=1}^{n} B_r^q X_{nr} \right)^{\frac{1}{q}} \left(\sum_{r=1}^{n} A_r^p Y_{nr} \right)^{\frac{3pq-2p^2-p}{q^2}}$$

$$\cdot \left(\sum_{r=1}^{n} A_r^p X_{nr} \right)^{\frac{q^2-3pq+2p^2+p-q}{q^2}} > 0, \tag{4.21}$$

$$\frac{\partial^2 F(n,n;s,t)}{\partial s \partial t}\bigg|_{(s_0,t_0)} = 0, \tag{4.22}$$

$$\frac{\partial^2 F(n,n;s,t)}{\partial t^2}\bigg|_{(s_0,t_0)} = -pq \left(\sum_{r=1}^{n} B_r^q X_{nr} \right)^{\frac{p+2}{pq}} \left(\sum_{r=1}^{n} A_r^p Y_{nr} \right)^{\frac{q-2}{q^2}}$$

$$\cdot \left(\sum_{r=1}^{n} A_r^p X_{nr} \right)^{\frac{q^2-pq-2q+2p}{pq^2}} > 0. \tag{4.23}$$

如果设

$$A = \frac{\partial^2 F(n,n;s,t)}{\partial s^2}\bigg|_{(s_0,t_0)},$$

$$B = \frac{\partial^2 F(n,n;s,t)}{\partial s \partial t}\bigg|_{(s_0,t_0)},$$

$$C = \frac{\partial^2 F(n,n;s,t)}{\partial t^2}\bigg|_{(s_0,t_0)},$$

则由(4.21), (4.22)和(4.23)有

$$AC - B^2 > 0. \tag{4.24}$$

进而, 由上面的不等式(4.24)和(4.21)得到

$$\min_{t,s>0}\{F(n,n;s,t)\} = F(n,n;s_0,t_0), \tag{4.25}$$

从而

$$\min_{t,s>0}\{F(n,n;s,t)\}$$

$$= F(n,n;s_0,t_0)$$

$$= \sum_{r=1}^{n} A_r B_r \left(\sum_{k=1}^{n} C_{kr} D_{kr} \right)$$

$$- \frac{\left(\sum_{r=1}^{n} A_r^p X_{nr} \right)^{\frac{1}{p}-\frac{1}{q}} \left(\sum_{r=1}^{n} A_r^p Y_{nr} \right)^{\frac{1}{q}} \left(\sum_{r=1}^{n} B_r^q X_{nr} \right)}{q \left(\sum_{r=1}^{n} B_r^q X_{nr} \right)^{\frac{1}{p}}}$$

$$- \frac{\left(\sum_{r=1}^{n} B_r^q X_{nr} \right)^{\frac{1}{q}} \left(\sum_{r=1}^{n} A_r^p X_{nr} \right)^{1-\frac{p}{q}} \left(\sum_{r=1}^{n} A_r^p Y_{nr} \right)}{q \left(\sum_{r=1}^{n} A_r^p Y_{nr} \right)^{\frac{p}{q^2}} \left(\sum_{r=1}^{n} A_r^p X_{nr} \right)^{\frac{1}{q}-\frac{p}{q^2}} \left(\sum_{r=1}^{n} A_r^p Y_{nr} \right)^{1-\frac{p}{q}}}$$

$$- \frac{\left(\frac{1}{p}-\frac{1}{q} \right) \left(\sum_{r=1}^{n} B_r^q X_{nr} \right)^{\frac{1}{q}} \left(\sum_{r=1}^{n} A_r^p Y_{nr} \right)^{\frac{p}{q}} \left(\sum_{r=1}^{n} A_r^p X_{nr} \right)}{\left(\sum_{r=1}^{n} A_r^q Y_{nr} \right)^{\frac{p}{q^2}} \left(\sum_{r=1}^{n} A_r^p X_{nr} \right)^{\frac{1}{q}-\frac{p}{q^2}} \left(\sum_{r=1}^{n} A_r^p X_{nr} \right)^{\frac{p}{q}}}$$

$$= \sum_{r=1}^{n} A_r B_r \left(\sum_{k=1}^{n} C_{kr} D_{kr} \right)$$

$$- \frac{1}{q} \left(\sum_{r=1}^{n} A_r^p X_{nr} \right)^{\frac{1}{p}-\frac{1}{q}} \left(\sum_{r=1}^{n} A_r^p Y_{nr} \right)^{\frac{1}{q}} \left(\sum_{r=1}^{n} B_r^q X_{nr} \right)^{\frac{1}{q}}$$

$$- \frac{1}{p} \left(\sum_{r=1}^{n} B_r^q X_{nr} \right)^{\frac{1}{q}} \left(\sum_{r=1}^{n} A_r^p Y_{nr} \right)^{\frac{p}{q}-\frac{p}{q^2}} \left(\sum_{r=1}^{n} A_r^p X_{nr} \right)^{1-\frac{1}{q}-\frac{p}{q}+\frac{p}{q^2}}$$

$$= \sum_{r=1}^{n} A_r B_r \left(\sum_{k=1}^{n} C_{kr} D_{kr} \right)$$

$$- \left(\sum_{r=1}^{n} A_r^p X_{nr} \right)^{\frac{1}{p}-\frac{1}{q}} \left(\sum_{r=1}^{n} A_r^p Y_{nr} \right)^{\frac{1}{q}} \left(\sum_{r=1}^{n} B_r^q X_{nr} \right)^{\frac{1}{q}}.$$

$$(4.26)$$

类似地, 如果设

$$s_1 = \left(\frac{\displaystyle\sum_{r=1}^{n+1} A_r^p X_{(n+1)r}}{\displaystyle\sum_{r=1}^{n+1} A_r^p Y_{(n+1)r}} \right)^{\frac{p(q-p)}{q^2}},$$

$$t_1 = \frac{1}{\left(\displaystyle\sum_{r=1}^{n+1} B_r^q X_{(n+1)r} \right)^{\frac{1}{pq}}} \left[\left(\sum_{r=1}^{n+1} A_r^p Y_{(n+1)r} \right)^{\frac{1}{q^2}} \left(\sum_{r=1}^{n+1} A_r^p X_{(n+1)r} \right)^{\frac{1}{pq} - \frac{1}{q^2}} \right],$$

则

$$F(n+1, n+1; s_1, t_1)$$

$$= \sum_{r=1}^{n+1} A_r B_r \left(\sum_{k=1}^{n+1} C_{kr} D_{kr} \right)$$

$$- \left(\sum_{r=1}^{n+1} A_r^p X_{(n+1)r} \right)^{\frac{1}{p} - \frac{1}{q}} \left(\sum_{r=1}^{n+1} A_r^p Y_{(n+1)r} \right)^{\frac{1}{q}} \left(\sum_{r=1}^{n+1} B_r^q X_{(n+1)r} \right)^{\frac{1}{q}}.$$

$$(4.27)$$

由(4.15), 有

$$F(n, n; s_1, t_1) \leq F(n+1, n+1; s_1, t_1). \tag{4.28}$$

进而由(4.25)和(4.28), 得到

$$F(n, n; s_0, t_0) \leq F(n+1, n+1; s_1, t_1). \tag{4.29}$$

设

$$C_{kr} = A_k (1 - e_r + e_k)^{\frac{1}{p}}, \quad D_{kr} = B_k (1 - e_r + e_k)^{\frac{1}{q}}.$$

于是

$$F(n, n; s_0, t_0)$$

$$= \sum_{r=1}^{n} A_r B_r \sum_{k=1}^{n} A_k B_k (1 - e_r + e_k)$$

$$- \left[\sum_{r=1}^{n} A_r^p \sum_{k=1}^{n} A_k^p (1 - e_r + e_k) \right]^{\frac{1}{p} - \frac{1}{q}}$$

$$\cdot \left[\sum_{r=1}^{n} A_r^p \sum_{k=1}^{n} B_k^q (1 - e_r + e_k) \right]^{\frac{1}{q}} \left[\sum_{r=1}^{n} B_r^q \sum_{k=1}^{n} A_k^p (1 - e_r + e_k) \right]^{\frac{1}{q}}$$

$$= \left(\sum_{r=1}^{n} A_r B_r \right)^2 - \left[\left(\sum_{r=1}^{n} A_r^p \right)^2 \right]^{\frac{1}{p} - \frac{1}{q}}$$

$$\cdot \left(\sum_{r=1}^{n} A_r^p \sum_{k=1}^{n} B_k^q - \sum_{r=1}^{n} A_r^p e_r \sum_{k=1}^{n} B_k^q + \sum_{r=1}^{n} A_r^p \sum_{k=1}^{n} B_k^q e_k \right)^{\frac{1}{q}}$$

$$\cdot \left(\sum_{r=1}^{n} B_r^q \sum_{k=1}^{n} A_k^p - \sum_{r=1}^{n} B_r^q e_r \sum_{k=1}^{n} A_k^p + \sum_{r=1}^{n} B_r^q \sum_{k=1}^{n} A_k^p e_k \right)^{\frac{1}{q}}$$

$$= \left(\sum_{r=1}^{n} A_r B_r \right)^2 - \left(\sum_{r=1}^{n} A_r^p \right)^{\frac{2}{p} - \frac{2}{q}} \left\{ \left[\left(\sum_{r=1}^{n} A_r^p \right) \left(\sum_{r=1}^{n} B_r^q \right) \right]^2 \right.$$

$$\left. - \left[\left(\sum_{r=1}^{n} A_r^p e_r \right) \left(\sum_{r=1}^{n} B_r^q \right) - \left(\sum_{r=1}^{n} B_r^q e_r \right) \left(\sum_{r=1}^{n} A_r^p \right) \right]^2 \right\}^{\frac{1}{q}}. \quad (4.30)$$

类似地, 有

$$F(n+1, n+1; s_1, t_1)$$

$$= \left(\sum_{r=1}^{n+1} A_r B_r \right)^2 - \left(\sum_{r=1}^{n+1} A_r^p \right)^{\frac{2}{p} - \frac{2}{q}} \left\{ \left[\left(\sum_{r=1}^{n+1} A_r^p \right) \left(\sum_{r=1}^{n+1} B_r^q \right) \right]^2 \right.$$

$$\left. - \left[\left(\sum_{r=1}^{n+1} A_r^p e_r \right) \left(\sum_{r=1}^{n+1} B_r^q \right) - \left(\sum_{r=1}^{n+1} B_r^q e_r \right) \left(\sum_{r=1}^{n+1} A_r^p \right) \right]^2 \right\}^{\frac{1}{q}}.$$

$$(4.31)$$

由(4.29), (4.30)和(4.31)即可得到我们要证的不等式(4.6). □

　　注意: 对于(4.5)如果令 $n = 1$, 则有 $F(1) = 0$. 进而由定理 4.3 就可以得到离散型的反向胡克不等式. 类似地, 对于(4.8)如果设 $t_1 = a$, $t_2 = b$, 利用定理 4.4 就可以得到积分型的反向胡克不等式.

4.3　Hölder 不等式构成的函数的单调性

在(4.1)和(4.5)中分别取

$$\left(\sum_{r=1}^{n} A_r^p e_r \right) \left(\sum_{r=1}^{n} B_r^q \right) = \left(\sum_{r=1}^{n} B_r^q e_r \right) \left(\sum_{r=1}^{n} A_r^p \right),$$

则由定理 4.1 和定理 4.3 可得 Hölder 不等式构成函数的如下单调性性质:

定理 4.5[35][13]　设 $A_r \geq 0$, $B_r > 0$ ($r = 1, 2, \cdots$), 并且设

$$F(n) = \left(\sum_{r=1}^{n} A_r B_r \right)^2 - \left(\sum_{r=1}^{n} A_r^p \right)^{\frac{2}{p}} \left(\sum_{r=1}^{n} B_r^q \right)^{\frac{2}{q}}. \tag{4.32}$$

如果 $p \geq q > 0$, $\dfrac{1}{p} + \dfrac{1}{q} = 1$, 则有

$$F(n) \geq F(n+1) \geq 0; \tag{4.33}$$

如果 $q < 0$, $\dfrac{1}{p} + \dfrac{1}{q} = 1$, 则有

$$0 \leq F(n) \leq F(n+1). \tag{4.34}$$

类似地, 在(4.3)和(4.7)中分别取

$$\int_a^t f^p(x)e(x)\mathrm{d}x \int_a^t g^q(x)\mathrm{d}x \equiv \int_a^t g^q(x)e(x)\mathrm{d}x \int_a^t f^p(x)\mathrm{d}x,$$

则由定理 4.2 和定理 4.4 可得积分型 Hölder 不等式构成函数的如下单调性性质:

定理 4.6[35][13]　设 $f(x), g(x)$ 是定义在 $[a,b]$ 上的可积函数, 并且 $f(x) \geq 0$, $f(x) \geq 0$, $g(x) > 0$, 设

$$G(t) = \left(\int_a^t f(x)g(x)\mathrm{d}x \right)^2 - \left(\int_a^t f^p(x)\mathrm{d}x \right)^{\frac{2}{p}} \left(\int_a^t g^q(x)\mathrm{d}x \right)^{\frac{2}{q}}. \tag{4.35}$$

如果 $p \geq q > 0$, $\dfrac{1}{p} + \dfrac{1}{q} = 1$, 则有

$$G(t_1) \geq G(t_2) \geq 0, \quad a \leq t_1 \leq t_2 \leq b. \tag{4.36}$$

如果 $q < 0$, $\dfrac{1}{p} + \dfrac{1}{q} = 1$, 则有

$$0 \leq G(t_1) \leq G(t_2), \quad a \leq t_1 \leq t_2 \leq b. \tag{4.37}$$

由定理 4.5 和定理 4.6 可得如下 Hölder 不等式的改进:

推论 4.1　设 $A_r \geq 0$, $B_r > 0$ ($r = 1, 2, \cdots, n$). 如果 $p \geq q > 0$, $\dfrac{1}{p} + \dfrac{1}{q} = 1$, 则有

$$\sum_{r=1}^{n} A_r B_r \leq \left(\sum_{r=1}^{n} A_r^p \right)^{\frac{1}{p}} \left(\sum_{r=1}^{n} B_r^q \right)^{\frac{1}{q}} (1+\rho)^{\frac{1}{2}}, \qquad (4.38)$$

其中

$$\rho = \frac{(A_1 B_1 + A_2 B_2)^2 - (A_1^p + A_2^p)^{\frac{2}{p}} (B_1^q + B_2^q)^{\frac{2}{q}}}{\left(\sum_{r=1}^{n} A_r^p \right)^{\frac{2}{p}} \left(\sum_{r=1}^{n} B_r^q \right)^{\frac{2}{q}}} \leq 0;$$

如果 $q < 0$, $\dfrac{1}{p} + \dfrac{1}{q} = 1$, 则有

$$\sum_{r=1}^{n} A_r B_r \geq \left(\sum_{r=1}^{n} A_r^p \right)^{\frac{1}{p}} \left(\sum_{r=1}^{n} B_r^q \right)^{\frac{1}{q}} (1+\pi)^{\frac{1}{2}}, \qquad (4.39)$$

其中

$$\pi = \frac{(A_1 B_1 + A_2 B_2)^2 - (A_1^p + A_2^p)^{\frac{2}{p}} (B_1^q + B_2^q)^{\frac{2}{q}}}{\left(\sum_{r=1}^{n} A_r^p \right)^{\frac{2}{p}} \left(\sum_{r=1}^{n} B_r^q \right)^{\frac{2}{q}}} \geq 0.$$

推论 4.2 设 $f(x), g(x)$ 是定义在 $[a,b]$ 上的可积函数, 并且 $f(x) \geq 0$, $g(x) > 0$. 如果 $p \geq q > 0$, $\dfrac{1}{p} + \dfrac{1}{q} = 1$, 则有

$$\int_a^b f(x)g(x)\mathrm{d}x \leq \left(\int_a^b f^p(x)\mathrm{d}x \right)^{\frac{1}{p}} \left(\int_a^b g^q(x)\mathrm{d}x \right)^{\frac{1}{q}} (1+\theta)^{\frac{1}{2}}, \quad (4.40)$$

其中

$$\theta = \frac{\left(\int_a^{\frac{a+b}{2}} f(x)g(x)\mathrm{d}x \right)^2 - \left(\int_a^{\frac{a+b}{2}} f^p(x)\mathrm{d}x \right)^{\frac{2}{p}} \left(\int_a^{\frac{a+b}{2}} g^q(x)\mathrm{d}x \right)^{\frac{2}{q}}}{\left(\int_a^b f^p(x)\mathrm{d}x \right)^{\frac{2}{p}} \left(\int_a^b g^q(x)\mathrm{d}x \right)^{\frac{2}{q}}}$$

$$\leq 0;$$

如果 $q < 0$, $\dfrac{1}{p} + \dfrac{1}{q} = 1$, 则有

$$\int_a^b f(x)g(x)\mathrm{d}x \geq \left(\int_a^b f^p(x)\mathrm{d}x \right)^{\frac{1}{p}} \left(\int_a^b g^q(x)\mathrm{d}x \right)^{\frac{1}{q}} (1+\eta)^{\frac{1}{2}}, \quad (4.41)$$

其中

$$\eta = \frac{\left(\int_a^{\frac{a+b}{2}} f(x)g(x)\mathrm{d}x\right)^2 - \left(\int_a^{\frac{a+b}{2}} f^p(x)\mathrm{d}x\right)^{\frac{2}{p}} \left(\int_a^{\frac{a+b}{2}} g^q(x)\mathrm{d}x\right)^{\frac{2}{q}}}{\left(\int_a^b f^p(x)\mathrm{d}x\right)^{\frac{2}{p}} \left(\int_a^b g^q(x)\mathrm{d}x\right)^{\frac{2}{q}}}$$

$$\geq 0.$$

4.4 Minkowski 不等式构成的函数的单调性

定理 4.7[35][13] 设 $f(x), g(x)$ 是定义在 $[a,b]$ 上的可积函数, 并且 $f(x) > 0$, $g(x) > 0$. 设

$$M(t) = \left[\int_a^t \big(f(x) + g(x)\big)^{p-1} f(x)\mathrm{d}x\right]^2 + \left[\int_a^t \big(f(x) + g(x)\big)^{p-1} g(x)\mathrm{d}x\right]^2$$
$$- \left[\left(\int_a^t f^p(x)\mathrm{d}x\right)^{\frac{2}{p}} + \left(\int_a^t g^p(x)\mathrm{d}x\right)^{\frac{2}{p}}\right]\left[\int_a^t \big(f(x) + g(x)\big)^p \mathrm{d}x\right]^{2-\frac{2}{p}}.$$

$$(4.42)$$

如果 $0 < p < 1$, 则有

$$0 \leq M(t_1) \leq M(t_2), \quad a \leq t_1 \leq t_2 \leq b; \quad (4.43)$$

如果 $p > 1$, 则有

$$M(t_1) \geq M(t_2) \geq 0, \quad a \geq t_1 \leq t_2 \leq b. \quad (4.44)$$

证 这里只证明 $0 < p < 1$ 时的情形, $p > 1$ 时的情形可以类似地给出. 记

$$M_f(t) = \left[\int_a^t \big(f(x) + g(x)\big)^{p-1} f(x)\mathrm{d}x\right]^2$$
$$- \left[\int_a^t f^p(x)\mathrm{d}x\right]^{\frac{2}{p}} \left[\int_a^t \big(f(x) + g(x)\big)^p \mathrm{d}x\right]^{2-\frac{2}{p}},$$

$$M_g(t) = \left[\int_a^t \big(f(x) + g(x)\big)^{p-1} g(x)\mathrm{d}x\right]^2$$
$$- \left[\int_a^t g^p(x)\mathrm{d}x\right]^{\frac{2}{p}} \left[\int_a^t \big(f(x) + g(x)\big)^p \mathrm{d}x\right]^{2-\frac{2}{p}}.$$

由定理 4.6 可知函数 $M_f(t)$ 和 $M_g(t)$ 在区间 $[a,b]$ 上关于 t 是递增的. 又由于 $M(t) = M_f(t) + M_g(t)$, 故有

$$0 \leq M(t_1) \leq M(t_2), \quad a \leq t_1 \leq t_2 \leq b. \qquad \square$$

评注 4.1 一方面, 由定理 4.7 可知在 $0 < p < 1$ 时, $M(b) \geq 0$. 另一方面, 由 Hölder 不等式可知

$$\left[\int_a^b (f(x) + g(x))^{p-1} f(x) \mathrm{d}x \right] \left[\int_a^b (f(x) + g(x))^{p-1} g(x) \mathrm{d}x \right]$$

$$\geq \left(\int_a^b f^p(x) \mathrm{d}x \right)^{\frac{1}{p}} \left(\int_a^t g^p(x) \mathrm{d}x \right)^{\frac{1}{p}} \left[\int_a^b (f(x) + g(x))^p \mathrm{d}x \right]^{2 - \frac{2}{p}}. \tag{4.45}$$

进而由上述不等式及 $M(b) \geq 0$ 可得 Minkowski 不等式在 $0 < p < 1$ 时的结论.

类似地, 可得 Minkowski 不等式在 $p \geq 1$ 时的结论.

由定理 4.7 和评注 4.1, 可得如下 Minkowski 不等式的改进形式:

推论 4.3[35][13] 设 $f(x), g(x)$ 是定义在 $[a,b]$ 上的可积函数, 并且 $f(x) > 0$, $g(x) > 0$. 设

$$M(t) = \left[\int_a^t (f(x) + g(x))^{p-1} f(x) \mathrm{d}x \right]^2 + \left[\int_a^t (f(x) + g(x))^{p-1} g(x) \mathrm{d}x \right]^2$$

$$- \left[\left(\int_a^t f^p(x) \mathrm{d}x \right)^{\frac{2}{p}} + \left(\int_a^t g^p(x) \mathrm{d}x \right)^{\frac{2}{p}} \right] \left[\int_a^t (f(x) + g(x))^p \mathrm{d}x \right]^{2 - \frac{2}{p}}. \tag{4.46}$$

如果 $0 < p < 1$, 则有

$$\left[\int_a^b (f(x) + g(x))^p f(x) \mathrm{d}x \right]^2$$

$$\geq \left[\left(\int_a^b f^p(x) \mathrm{d}x \right)^{\frac{1}{p}} + \left(\int_a^t g^p(x) \mathrm{d}x \right)^{\frac{1}{p}} \right]^2$$

$$\cdot \left[\int_a^b (f(x) + g(x))^p \mathrm{d}x \right]^{2 - \frac{2}{p}} + M\left(\frac{a+b}{2} \right); \tag{4.47}$$

如果 $p > 1$, 则有

$$\left[\int_a^b \left(f(x)+g(x)\right)^p f(x)\mathrm{d}x\right]^2$$

$$\leq \left[\left(\int_a^b f^p(x)\mathrm{d}x\right)^{\frac{1}{p}} + \left(\int_a^t g^p(x)\mathrm{d}x\right)^{\frac{1}{p}}\right]^2$$

$$\cdot \left[\int_a^b \left(f(x)+g(x)\right)^p\mathrm{d}x\right]^{2-\frac{2}{p}} + M\left(\frac{a+b}{2}\right). \tag{4.48}$$

第5章
应　　用

　　自从胡克教授给出胡克不等式以及它的复数形式以来, 出现了大量的关于这两个不等式的应用. 近几年来, 随着对这两个不等式研究的深入, 一些新的应用又相继出现. 本章的主要目的是介绍作者在这些领域的成果, 关于其他学者的成果读者可参考文献[13]和[41], 或者参考本书附录中的内容.

5.1　Aczél-Popoviciu-Vasić 不等式的推广和改进

　　在 1956 年, Aczél[16] 建立了如下重要的不等式:

定理 5.1　如果 $a_i, b_i \ (i = 1, 2, \cdots, n)$ 是正数, 并且使得

$$a_1^2 - \sum_{i=2}^{n} a_i^2 > 0, \quad b_1^2 - \sum_{i=2}^{n} b_i^2 > 0,$$

则有

$$\left(a_1^2 - \sum_{i=2}^{n} a_i^2\right)\left(b_1^2 - \sum_{i=2}^{n} b_i^2\right) \leq \left(a_1 b_1 - \sum_{i=2}^{n} a_i b_i\right)^2. \tag{5.1}$$

不等式(5.1)就是著名的 Aczél 不等式.

　　在 1959 年, Popoviciu[31] 首先给出了上述 Aczél 不等式的如下推广:

定理 5.2　设 $p \geq q > 1$, $\dfrac{1}{p} + \dfrac{1}{q} = 1$, 并且设 $a_i, b_i \ (i = 1, 2, \cdots, n)$ 是正数

且使得 $a_1^p - \sum_{i=2}^{n} a_i^p > 0$, $b_1^q - \sum_{i=2}^{n} b_i^q > 0$, 则有

$$\left(a_1^p - \sum_{i=2}^{n} a_i^p\right)^{\frac{1}{p}} \left(b_1^q - \sum_{i=2}^{n} b_i^q\right)^{\frac{1}{q}} \leq a_1 b_1 - \sum_{i=2}^{n} a_i b_i. \tag{5.2}$$

随后在 1982 年, Vasić 和 Pečarić[38] 给出了不等式(5.2)的反向形式:

定理 5.3　设 $q < 0$, $p > 0$, $\dfrac{1}{p} + \dfrac{1}{q} = 1$, 并且设 $a_i, b_i\ (i = 1, 2, \cdots, n)$ 是正

数且使得 $a_1^p - \sum_{i=2}^{n} a_i^p > 0$, $b_1^q - \sum_{i=2}^{n} b_i^q > 0$, 则有

$$\left(a_1^p - \sum_{i=2}^{n} a_i^p\right)^{\frac{1}{p}} \left(b_1^q - \sum_{i=2}^{n} b_i^q\right)^{\frac{1}{q}} \geq a_1 b_1 - \sum_{i=2}^{n} a_i b_i. \tag{5.3}$$

这里我们给出不等式(5.2)和(5.3)的推广和改进.

定理 5.4[36][41]　设 $a_i, b_i \geq 0$, $a_1^p - \sum_{i=2}^{n} a_i^p > 0$, $b_1^q - \sum_{i=2}^{n} b_i^q > 0$, 并且设

$1 - e_i + e_j \geq 0\ (i, j = 1, 2, \cdots, n)$, $\mu = \min\left\{\dfrac{1}{p} + \dfrac{1}{q}, 1\right\}$, $\rho = \max\left\{\dfrac{1}{p} + \dfrac{1}{q}, 1\right\}$.

则对于 $p \geq q > 0$, 有

$$\left(a_1^p - \sum_{i=2}^{n} a_i^p\right)^{\frac{1}{p}} \left(b_1^q - \sum_{i=2}^{n} b_i^q\right)^{\frac{1}{q}}$$

$$\leq n^{1-\mu} \cdot b_1^{1-\frac{q}{p}} \left\{b_1^{2q} a_1^{2p} - \left[a_1^p\left(b_1^q e_1 + \sum_{i=2}^{n} b_i^q (e_i - e_1)\right)\right.\right.$$

$$\left.\left. - b_1^q\left(a_1^p e_1 + \sum_{i=2}^{n} a_i^p (e_i - e_1)\right)\right]^2\right\}^{\frac{1}{2q}} - \sum_{i=2}^{n} a_i b_i. \tag{5.4}$$

如果 $q < 0$, $p > 0$, 则有

$$\left(a_1^p - \sum_{i=2}^{n} a_i^p\right)^{\frac{1}{p}} \left(b_1^q - \sum_{i=2}^{n} b_i^q\right)^{\frac{1}{q}}$$

$$\geq n^{1-\rho} \cdot a_1^{1-\frac{p}{q}} \left\{a_1^{2p} b_1^{2q} - \left[b_1^q\left(a_1^p e_1 + \sum_{i=2}^{n} a_i^p (e_i - e_1)\right)\right.\right.$$

$$-a_1^p\left(b_1^q e_1 + \sum_{i=2}^{n} b_i^q(e_i - e_1)\right)\Big]^2\Big\}^{\frac{1}{2q}} - \sum_{i=2}^{n} a_i b_i. \tag{5.5}$$

证 在(2.8)和(3.10)中分别令

$$A_1^p = a_1^p - \sum_{i=2}^{n} a_i^p, \quad B_1^q = b_1^q - \sum_{i=2}^{n} b_i^q;$$

$$A_i = a_i, \ B_i = b_i \quad (i = 2, 3, \cdots, n),$$

则得到我们要证的结果. □

特别地, 如果在上述定理中令 $a_1 \neq 0$, $b_1 \neq 0$ 并且 $\frac{1}{p} + \frac{1}{q} = 1$, 则可以得到不等式(5.2)和(5.3)的如下改进:

推论 5.1 设 $a_1 \neq 0$, $b_1 \neq 0$, $\frac{1}{p} + \frac{1}{q} = 1$. 如果 $p \geq q > 0$, 则由定理5.4有

$$\left(a_1^p - \sum_{i=2}^{n} a_i^p\right)^{\frac{1}{p}} \left(b_1^q - \sum_{i=2}^{n} b_i^q\right)^{\frac{1}{q}}$$

$$\leq a_1 b_1 \left\{1 - \left(\frac{b_1^q e_1 + \sum_{i=2}^{n} b_i^q(e_i - e_1)}{b_1^q} - \frac{a_1^p e_1 + \sum_{i=2}^{n} a_i^p(e_i - e_1)}{a_1^p}\right)^2\right\}^{\frac{1}{2q}}$$

$$- \sum_{i=2}^{n} a_i b_i. \tag{5.6}$$

当 $q < 0$ 时, 不等式(5.6)反向.

5.2 Hao Z-C 不等式和 A-G 不等式的改进

经典的 A-G 不等式是指: 如果 $a_j > 0$, $\lambda_j > 0$ $(j = 1, 2, \cdots, k)$, $p > 0$, 并且 $\sum_{j=1}^{k} \frac{1}{\lambda_j} = 1$, 则

$$\prod_{j=1}^{k} a_j^{\frac{1}{\lambda_j}} \leq \sum_{j=1}^{k} \frac{a_j}{\lambda_j}. \tag{5.7}$$

而 1990 年数学家 Hao Z-C[23] 建立的如下不等式是上述算术-几何平均不等式的重要改进:

$$\prod_{j=1}^{k} a_j^{\frac{1}{\lambda_j}} \leq \left\{ p \int_0^\infty \left[\prod_{j=1}^{k} (x+a_j)^{\frac{1}{\lambda_j}} \right]^{-p-1} \mathrm{d}x \right\}^{-\frac{1}{p}} \leq \sum_{j=1}^{k} \frac{a_j}{\lambda_j}, \qquad (5.8)$$

其中 $a_j > 0$, $\lambda_j > 0$ $(j = 1, 2, \cdots, k)$, $p > 0$ 并且 $\sum_{j=1}^{k} \frac{1}{\lambda_j} = 1$.

在此, 我们给出上述 Hao Z-C 不等式的一个精美改进.

定理 5.5[32]   设 $a_j > 0$ $(j = 1, 2, \cdots, k)$, $p > 0$, $\lambda_1 \geq \lambda_2 \geq \cdots \geq \lambda_k > 0$, $\sum_{j=1}^{k} \frac{1}{\lambda_j} = 1$, 并且设 $1 - e(x) + e(y) \geq 0$, $\int_0^\infty e(x)\mathrm{d}x < \infty$. 则有

$$\prod_{j=1}^{k} a_j^{\frac{1}{\lambda_j}} \leq \left(\prod_{j=1}^{k} a_j^{\frac{1}{\lambda_j}} \right) \left[\prod_{j=1}^{\rho(k)} \left(1 - \frac{1}{2\lambda_j} R^2(x, e; a_j, p) \right) \right]^{-\frac{1}{p}}$$

$$\leq \left\{ p \int_0^\infty \left[\prod_{j=1}^{k} (x+a_j)^{\frac{1}{\lambda_j}} \right]^{-p-1} \mathrm{d}x \right\}^{-\frac{1}{p}}$$

$$\leq \sum_{j=1}^{k} \frac{a_j}{\lambda_j}, \qquad (5.9)$$

其中 $\rho(k) = \begin{cases} \dfrac{k}{2}, & \text{若 } k \text{ 是偶数}, \\ \dfrac{k-1}{2}, & \text{若 } k \text{ 是奇数}, \end{cases}$

$$R(x, e; a_j, p) = \frac{\int_0^\infty (x+a_{2j-1})^{-p-1} e(x)\mathrm{d}x}{\int_0^\infty (x+a_{2j-1})^{-p-1}\mathrm{d}x} - \frac{\int_0^\infty (x+a_{2j})^{-p-1} e(x)\mathrm{d}x}{\int_0^\infty (x+a_{2j})^{-p-1}\mathrm{d}x}.$$

证   对于 $x \geq 0$, 在(5.8)中利用一个代换:

$$a_j \to x + a_j,$$

则有

$$0 < \prod_{j=1}^{k} (x+a_j)^{\frac{1}{\lambda_j}} \leq \sum_{j=1}^{k} \frac{x+a_j}{\lambda_j} = x + \sum_{j=1}^{k} \frac{a_j}{\lambda_j}. \qquad (5.10)$$

在上式两端从 0 到 ∞ 取积分有

$$\int_0^\infty \left(\prod_{j=1}^k (x+a_j)^{\frac{1}{\lambda_j}} \right)^{-p-1} \mathrm{d}x \geq \int_0^\infty \left(x + \sum_{j=1}^k \frac{a_j}{\lambda_j} \right)^{-p-1} \mathrm{d}x$$

$$= \frac{1}{p} \left(\sum_{j=1}^k \frac{a_j}{\lambda_j} \right)^{-p}. \tag{5.11}$$

另一方面, 应用不等式(2.27)有

$$\int_0^\infty \left[\prod_{j=1}^k (x+a_j)^{\frac{1}{\lambda_j}} \right]^{-p-1} \mathrm{d}x$$

$$= \int_0^\infty \prod_{j=1}^k \left[(x+a_j)^{-p-1} \right]^{\frac{1}{\lambda_j}} \mathrm{d}x$$

$$\leq \left[\prod_{j=1}^k \left(\int_0^\infty (x+a_j)^{-p-1} \mathrm{d}x \right)^{\frac{1}{\lambda_j}} \right] \left[\prod_{j=1}^{\rho(k)} \left(1 - \frac{1}{2\lambda_{2j}} R^2(x,e;a_j,p) \right) \right]$$

$$= \left(\frac{1}{p} \prod_{j=1}^k a_j^{-\frac{p}{\lambda_j}} \right) \left[\prod_{j=1}^{\rho(k)} \left(1 - \frac{1}{2\lambda_{2j}} R^2(x,e;a_j,p) \right) \right]. \tag{5.12}$$

由不等式(5.12)和(5.11)立刻可得要证的不等式(5.9). $\qquad \square$

由上述定理 5.5 立刻可得如下算术-几何平均不等式的新的改进:

推论 5.2[32] 设 $a_j > 0 \ (j = 1, 2, \cdots, k)$, $p > 0$, $\lambda_1 \geq \lambda_2 \geq \cdots \geq \lambda_k > 0$, $\sum_{j=1}^k \frac{1}{\lambda_j} = 1$, 并且设 $1 - e(x) + e(y) \geq 0$, $\int_0^\infty e(x)\mathrm{d}x < \infty$. 则有

$$\prod_{j=1}^k a_j^{\frac{1}{\lambda_j}} \leq \left[\prod_{j=2}^{\rho(k)} \left(1 - \frac{1}{2\lambda_j} R^2(x,e;a_j,p) \right) \right]^{\frac{1}{p}} \left(\sum_{j=1}^k \frac{a_j}{\lambda_j} \right), \tag{5.13}$$

其中 $\rho(k) = \begin{cases} \dfrac{k}{2}, & \text{若 } k \text{ 是偶数}, \\[2mm] \dfrac{k-1}{2}, & \text{若 } k \text{ 是奇数}, \end{cases}$

$$R(x,e;a_j,p) = \frac{\displaystyle\int_0^\infty (x+a_{2j-1})^{-p-1} e(x)\mathrm{d}x}{\displaystyle\int_0^\infty (x+a_{2j-1})^{-p-1}\mathrm{d}x} - \frac{\displaystyle\int_0^\infty (x+a_{2j})^{-p-1} e(x)\mathrm{d}x}{\displaystyle\int_0^\infty (x+a_{2j})^{-p-1}\mathrm{d}x}.$$

5.3　Hardy 型不等式的改进[37]

设 $f(x) \geq 0$, $f(x) \in L^p(0, \infty)$, $p > 1$. 则著名的 Hardy 不等式是指:

$$\int_0^\infty \left(\int_0^\infty K(x,y)f(x)\mathrm{d}x \right)^p \mathrm{d}y \leq \left(\int_0^\infty K(x,1)x^{-\frac{1}{p}}\mathrm{d}x \right)^p \int_0^\infty f^p(x)\mathrm{d}x,$$

$$(5.14)$$

其中 $K(x,y) \geq 0$ 为齐负一次式. 如果 $0 < p < 1$, 则上述不等式(5.14)反向.

不等式(5.14)的两个重要特例是指:

定理 5.6　设 $p > 1$, $f(x) \geq 0$, 并且对于任意的 $a > 0$, 函数 $f(x)$ 在区间 $[0,a]$ 或 $[a,\infty)$ 上都是 Lebesgue 可积的. 于是

$$\int_0^\infty y^{-r}F^p(y)\mathrm{d}y \leq \left(\frac{p}{r-1} \right)^p \int_0^\infty x^{-r}\big(xf(x)\big)^p\mathrm{d}x \quad (r > 1), \quad (5.15)$$

且

$$\int_0^\infty y^{-r}F^p(y)\mathrm{d}y \leq \left(\frac{p}{1-r} \right)^p \int_0^\infty x^{-r}\big(xf(x)\big)^p\mathrm{d}x \quad (r < 1), \quad (5.16)$$

其中

$$F(y) = \begin{cases} \displaystyle\int_0^y f(x)\mathrm{d}x, & r > 1, \\[2ex] \displaystyle\int_y^\infty f(x)\mathrm{d}x, & r < 1. \end{cases}$$

如果 $0 < p < 1$, 则上述不等式反向.

1977 年, Imoru 得到了下面一类 Hardy 型不等式:

定理 5.7　设函数 g 在区间 $[0,\infty]$ 上是单调递增且连续的函数, $g(0) = 0$, $g(x) > 0$ $(x > 0)$, $g(\infty) = \infty$. 当 $r > 1$ 时, 非负函数 $f(x)$ 在区间 $[0,b]$ 上是 Lebesgue 可积的; 当 $r < 1$ 时, 非负函数 $f(x)$ 在区间 $[a,\infty)$ 上也是 Lebesgue 可积的, 其中 $a,b > 0$. 假设

$$F(x) = \begin{cases} \displaystyle\int_0^x f(t)\mathrm{d}g(t), & r > 1, \\[2mm] \displaystyle\int_x^\infty f(t)\mathrm{d}g(t), & r < 1. \end{cases}$$

如果 $p \geq 1$, 则

$$\int_0^b g^{-r}(x)F^p(x)\mathrm{d}g(x) + \frac{p}{r-1}g^{1-r}(b)F^p(b)$$

$$\leq \left(\frac{p}{r-1}\right)^p \int_0^b g^{-r}(x)\big(f(x)g(x)\big)^p\mathrm{d}g(x) \quad (r > 1), \qquad (5.17)$$

并且

$$\int_a^\infty g^{-r}(x)F^p(x)\mathrm{d}g(x) + \frac{p}{1-r}g^{1-r}(a)F^p(a)$$

$$\leq \left(\frac{p}{1-r}\right)^p \int_a^\infty g^{-r}(x)\big(f(x)g(x)\big)^p\mathrm{d}g(x) \quad (r < 1). \qquad (5.18)$$

如果 $0 < p \leq 1$, 则上述所有不等式反向.

引理 5.1 设函数 $g(x)$ 在区间 $[a,b]$ 上是单调递增的连续函数, 并且设函数 $\varphi(x,t), e(x)$ 在区间 $[0,+\infty)$ 上是可积的, 其中 $\varphi(x,t) \geq 0$, $1 - e(x) + e(y) \geq 0$, 且 ϕ 是单调递增函数. 如果 $p \geq 1$, 则

$$\int_0^b g^{-1}(x)\left(\int_0^x \varphi(x,t)\mathrm{d}\phi(t)\right)\mathrm{d}g(x)$$

$$\geq \int_0^b \left\{ g^{-1}(x)\left(\int_0^x \varphi^{\frac{1}{p}}(x,t)\mathrm{d}\phi(t)\right)^p \left(\int_0^x \mathrm{d}\phi(t)\right)^{1-p} \right.$$

$$\left. \cdot \left[1 - \left(\frac{\displaystyle\int_0^x \varphi(x,t)e(t)\mathrm{d}\phi(t)}{\displaystyle\int_0^x \varphi(x,t)\mathrm{d}\phi(t)} - \frac{\displaystyle\int_0^x e(t)\mathrm{d}\phi(t)}{\displaystyle\int_0^x \mathrm{d}\phi(t)} \right)^2 \right]^{\frac{\beta}{2}} \right\}\mathrm{d}g(x),$$

$$(5.19)$$

并且

$$\int_a^\infty g^{-1}(x)\left(\int_x^\infty \varphi(x,t)\mathrm{d}\phi(t)\right)\mathrm{d}g(x)$$

$$\geq \int_a^\infty \left\{ g^{-1}(x)\left(\int_x^\infty \varphi^{\frac{1}{p}}(x,t)\mathrm{d}\phi(t)\right)^p \left(\int_x^\infty \mathrm{d}\phi(t)\right)^{1-p} \right.$$

$$\cdot\left[1-\left(\frac{\int_x^\infty \varphi(x,t)e(t)\mathrm{d}\phi(t)}{\int_x^\infty \varphi(x,t)\mathrm{d}\phi(t)}-\frac{\int_x^\infty e(t)\mathrm{d}\phi(t)}{\int_x^\infty \mathrm{d}\phi(t)}\right)^2\right]^{\frac{\beta}{2}}\right\}\mathrm{d}g(x), \quad (5.20)$$

其中 $\beta=\max\{-1,1-p\}$. 如果 $0<p<1$, 则

$$\int_0^b g^{-1}(x)\left(\int_0^x \varphi(x,t)\mathrm{d}\phi(t)\right)\mathrm{d}g(x)$$

$$\leq \int_0^b \left\{g^{-1}(x)\left(\int_0^x \varphi^{\frac{1}{p}}(x,t)\mathrm{d}\phi(t)\right)^p \cdot \left(\int_0^x \mathrm{d}\phi(t)\right)^{1-p}\right.$$

$$\left.\cdot\left[1-\left(\frac{\int_0^x \varphi^{\frac{1}{p}}(x,t)e(t)\mathrm{d}\phi(t)}{\int_0^x \varphi^{\frac{1}{p}}(x,t)\mathrm{d}\phi(t)}-\frac{\int_0^x e(t)\mathrm{d}\phi(t)}{\int_0^x \mathrm{d}\phi(t)}\right)^2\right]^{\frac{\gamma}{2}}\right\}\mathrm{d}g(x),$$

$$(5.21)$$

并且

$$\int_a^\infty g^{-1}(x)\left(\int_x^\infty \varphi(x,t)\mathrm{d}\phi(t)\right)\mathrm{d}g(x)$$

$$\leq \int_a^\infty \left\{g^{-1}(x)\left(\int_x^\infty \varphi^{\frac{1}{p}}(x,t)\mathrm{d}\phi(t)\right)^p \left(\int_x^\infty \mathrm{d}\phi(t)\right)^{1-p}\right.$$

$$\left.\cdot\left[1-\left(\frac{\int_x^\infty \varphi^{\frac{1}{p}}(x,t)e(t)\mathrm{d}\phi(t)}{\int_x^\infty \varphi^{\frac{1}{p}}(x,t)\mathrm{d}\phi(t)}-\frac{\int_x^\infty e(t)\mathrm{d}\phi(t)}{\int_x^\infty \mathrm{d}\phi(t)}\right)^2\right]^{\frac{\gamma}{2}}\right\}\mathrm{d}g(x),$$

$$(5.22)$$

其中 $\gamma=\min\{p,1-p\}$.

证 由不等式(3.6)和(2.6)易得要证的结论. □

引理 5.2 设函数 $g(x)$ 在区间 $[0,\infty]$ 上是单调递增且连续的函数, $g(0)=0$, $g(x)>0$ $(x>0)$, $g(\infty)=\infty$. 设 $\delta=\dfrac{1-r}{p}$, $r\neq 1$, 当 $r>1$ 时, 非负函数 $f(x),e(x)$ 在区间 $[0,b]$ 上关于 $g(x)$ 是 Lebesgue 可积的;

当 $r<1$ 时, 非负函数 $f(x),e(x)$ 在区间 $[a,\infty)$ 上关于 $g(x)$ 也是 Lebesgue 可积的, 其中 $a,b>0$, 并且对于所有 $x,y\in[0,+\infty)$ 有 $1-e(x)+e(y)\geq 0$. 假设

$$\lambda(x)=\begin{cases}\int_0^x \big(g(t)\big)^{(p-1)(1+\delta)}f^p(t)\mathrm{d}g(t), & r>1,\\[2mm]\int_x^\infty \big(g(t)\big)^{(p-1)(1+\delta)}f^p(t)\mathrm{d}g(t), & r<1.\end{cases}$$

如果 $p\geq 1$, 则

$$\int_0^b g^{\delta-1}(x)\lambda(x)\mathrm{d}g(x)$$

$$\geq (-\delta^{-1})^{1-p}\int_0^b\left\{\big(g(x)\big)^{\delta p-1}F^p(x)\left[1-\left(\frac{\int_0^x g^{-(1+\delta)}(t)e(t)\mathrm{d}g(t)}{\int_0^x g^{-(1+\delta)}(t)\mathrm{d}g(t)}\right.\right.\right.$$

$$\left.\left.\left.-\frac{\int_0^x g^{(1+\delta)(p-1)}(t)f^p(t)e(t)\mathrm{d}g(t)}{\int_0^x g^{(1+\delta)(p-1)}(t)f^p(t)\mathrm{d}g(t)}\right)^2\right]^{\frac{\beta}{2}}\right\}\mathrm{d}g(x)\quad(r>1),\quad(5.23)$$

并且

$$\int_a^\infty g^{\delta-1}(x)\lambda(x)\mathrm{d}g(x)$$

$$\geq \delta^{p-1}\int_a^\infty\left\{\big(g(x)\big)^{\delta p-1}F^p(x)\left[1-\left(\frac{\int_x^\infty g^{-(1+\delta)}(t)e(t)\mathrm{d}g(t)}{\int_x^\infty g^{-(1+\delta)}(t)\mathrm{d}g(t)}\right.\right.\right.$$

$$\left.\left.\left.-\frac{\int_x^\infty g^{(1+\delta)(p-1)}(t)f^p(t)e(t)\mathrm{d}g(t)}{\int_x^\infty g^{(1+\delta)(p-1)}(t)f^p(t)\mathrm{d}g(t)}\right)^2\right]^{\frac{\beta}{2}}\right\}\mathrm{d}g(x)\quad(r<1),\quad(5.24)$$

其中

$$F(x)=\begin{cases}\int_0^x f(t)\mathrm{d}g(t), & r>1,\\[2mm]\int_x^\infty f(t)\mathrm{d}g(t), & r<1,\end{cases}$$

$\beta = \max\{-1, 1-p\}$. 如果 $0 < p < 1$, 则

$$\int_0^b g^{\delta-1}(x)\lambda(x)\mathrm{d}g(x)$$

$$\leq (-\delta^{-1})^{1-p}\int_0^b \left\{ (g(x))^{\delta p-1}F^p(x)\left[1 - \left(\frac{\int_0^x f(t)e(t)\mathrm{d}g(t)}{\int_0^x f(t)\mathrm{d}g(t)} \right.\right.\right.$$

$$\left.\left.\left. - \frac{\int_0^x g^{-(1+\delta)}(t)e(t)\mathrm{d}g(t)}{\int_0^x g^{-(1+\delta)}(t)\mathrm{d}g(t)} \right)^2 \right]^{\frac{\gamma}{2}} \right\} \mathrm{d}g(x) \quad (r > 1), \qquad (5.25)$$

并且

$$\int_a^\infty g^{\delta-1}(x)\lambda(x)\mathrm{d}g(x)$$

$$\leq \delta^{p-1}\int_a^\infty \left\{ (g(x))^{\delta p-1}F^p(x)\left[1 - \left(\frac{\int_x^\infty f(t)e(t)\mathrm{d}g(t)}{\int_x^\infty f(t)\mathrm{d}g(t)} \right.\right.\right.$$

$$\left.\left.\left. - \frac{\int_x^\infty g^{-(1+\delta)}(t)e(t)\mathrm{d}g(t)}{\int_x^\infty g^{-(1+\delta)}(t)\mathrm{d}g(t)} \right)^2 \right]^{\frac{\gamma}{2}} \right\} \mathrm{d}g(x) \quad (r < 1), \qquad (5.26)$$

其中

$$F(x) = \begin{cases} \int_0^x f(t)\mathrm{d}g(t), & r > 1, \\[2mm] \int_x^\infty f(t)\mathrm{d}g(t), & r < 1, \end{cases}$$

$\gamma = \min\{p, 1-p\}$.

证　这里仅仅给出不等式(5.23)的证明, 不等式(5.24), (5.25)和(5.26)的证明类似. 在不等式(5.19)中令

$$\varphi(x,t) = g^\delta(x)\big(g(t)\big)^{p(1+\delta)}f^p(t),$$
$$\mathrm{d}\phi(t) = \big(g(t)\big)^{-(1+\delta)}\mathrm{d}g(t).$$

如果 $r, p > 1$, 则有

$$\int_0^b g^{\delta-1}(x)\lambda(x)\mathrm{d}g(x)$$

$$= \int_0^b g^{-1}(x)\left(\int_0^x \varphi(x,t)\mathrm{d}\phi(t)\right)\mathrm{d}g(x)$$

$$\geq \int_0^b \left\{ g^{-1}(x)\left(\int_0^x \varphi^{\frac{1}{p}}(x,t)\mathrm{d}\phi(t)\right)^p\left(\int_0^x \mathrm{d}\phi(t)\right)^{1-p}\right.$$

$$\left. \cdot\left[1-\left(\frac{\displaystyle\int_0^x \varphi(x,t)e(t)\mathrm{d}\phi(t)}{\displaystyle\int_0^x \varphi(x,t)\mathrm{d}\phi(t)}-\frac{\displaystyle\int_0^x e(t)\mathrm{d}\phi(t)}{\displaystyle\int_0^x \mathrm{d}\phi(t)}\right)^2\right]^{\frac{\beta}{2}}\right\}\mathrm{d}g(x)$$

$$= \int_0^b \left\{ g^{-1+\delta}(x)\left(\int_0^x f(t)\mathrm{d}g(t)\right)^p\left(\int_0^x g^{-(1+\delta)}(t)\mathrm{d}g(t)\right)^{1-p}\right.$$

$$\left. \cdot\left[1-\left(\frac{\displaystyle\int_0^x g^{(1+\delta)(p-1)}(t)f^p(t)e(t)\mathrm{d}g(t)}{\displaystyle\int_0^x g^{(1+\delta)(p-1)}(t)f^p(t)\mathrm{d}g(t)}-\frac{\displaystyle\int_0^x g^{-(1+\delta)}(t)e(t)\mathrm{d}g(t)}{\displaystyle\int_0^x g^{-(1+\delta)}(t)\mathrm{d}g(t)}\right)^2\right]^{\frac{\beta}{2}}\right\}\mathrm{d}g(x)$$

$$= (-\delta^{-1})^{1-p}\int_0^b \left\{ (g(x))^{\delta p-1}F^p(x)\left[1-\left(\frac{\displaystyle\int_0^x g^{(1+\delta)(p-1)}(t)f^p(t)e(t)\mathrm{d}g(t)}{\displaystyle\int_0^x g^{(1+\delta)(p-1)}(t)f^p(t)\mathrm{d}g(t)}\right.\right.\right.$$

$$\left.\left.\left.-\frac{\displaystyle\int_0^x g^{-(1+\delta)}(t)e(t)\mathrm{d}g(t)}{\displaystyle\int_0^x g^{-(1+\delta)}(t)\mathrm{d}g(t)}\right)^2\right]^{\frac{\beta}{2}}\right\}\mathrm{d}g(x).$$

这样就得到我们要证的不等式(5.23). $\qquad\qquad\qquad\square$

引理 5.3 设函数 $g(x)$ 在区间 $[0,\infty]$ 上是单调递增且连续的函数, $g(0)=0$, $g(x)>0$ $(x>0)$, $g(\infty)=\infty$. 设 $\delta=\dfrac{1-r}{p}$, $r\neq 1$, 当 $r>1$ 时, 非负函数 $f(x),e(x)$ 在区间 $[0,b]$ 上关于 $g(x)$ 是 Lebesgue 可积的; 当 $r<1$ 时, 非负函数 $f(x),e(x)$ 在区间 $[a,\infty)$ 上关于 $g(x)$ 也是 Lebesgue 可积的, 其中 $a,b>0$, 并且对于所有 $x,y\in[0,+\infty)$ 有 $1-e(x)+e(y)\geq 0$. 假设

$$\lambda(x) = \begin{cases} \displaystyle\int_0^x \big(g(t)\big)^{(p-1)(1+\delta)} f^p(t)\mathrm{d}g(t), & r > 1, \\[4mm] \displaystyle\int_x^\infty \big(g(t)\big)^{(p-1)(1+\delta)} f^p(t)\mathrm{d}g(t), & r < 1. \end{cases}$$

如果 $p > 1$, 则

$$g^\delta(b)\lambda(b) \geq (-\delta^{-1})^{1-p} g^{\delta p}(b) F^p(b) \left[1 - \left(\frac{\displaystyle\int_0^b g^{-(1+\delta)}(t)e(t)\mathrm{d}g(t)}{\displaystyle\int_0^b g^{-(1+\delta)}(t)\mathrm{d}g(t)} \right. \right.$$

$$\left. \left. - \frac{\displaystyle\int_0^b g^{(1+\delta)(p-1)}(t)f^p(t)e(t)\mathrm{d}g(t)}{\displaystyle\int_0^b g^{(1+\delta)(p-1)}(t)f^p(t)\mathrm{d}g(t)} \right)^2 \right]^{\frac{\beta}{2}} \quad (r > 1), \quad (5.27)$$

并且

$$g^\delta(a)\lambda(a) \geq \delta^{p-1} g^{\delta p}(a) F^p(a) \left[1 - \left(\frac{\displaystyle\int_a^\infty g^{-(1+\delta)}(t)e(t)\mathrm{d}g(t)}{\displaystyle\int_a^\infty g^{-(1+\delta)}(t)\mathrm{d}g(t)} \right. \right.$$

$$\left. \left. - \frac{\displaystyle\int_a^\infty g^{(1+\delta)(p-1)}(t)f^p(t)e(t)\mathrm{d}g(t)}{\displaystyle\int_a^\infty g^{(1+\delta)(p-1)}(t)f^p(t)\mathrm{d}g(t)} \right)^2 \right]^{\frac{\beta}{2}} \quad (r < 1). \ (5.28)$$

如果 $0 < p < 1$, 则

$$g^\delta(b)\lambda(b) \leq (-\delta^{-1})^{1-p} g^{\delta p}(b) F^p(b) \left[1 - \left(\frac{\displaystyle\int_0^b f(t)e(t)\mathrm{d}g(t)}{\displaystyle\int_0^b f(t)\mathrm{d}g(t)} \right. \right.$$

$$\left. \left. - \frac{\displaystyle\int_0^b g^{-(1+\delta)}(t)e(t)\mathrm{d}g(t)}{\displaystyle\int_0^b g^{-(1+\delta)}(t)\mathrm{d}g(t)} \right)^2 \right]^{\frac{\gamma}{2}} \quad (r > 1), \qquad (5.29)$$

并且

$$g^{\delta}(a)\lambda(a) \leq \delta^{p-1} g^{\delta p}(a) F^p(a)$$

$$\cdot \left[1 - \left(\frac{\int_a^\infty f(t)e(t)\mathrm{d}g(t)}{\int_a^\infty f(t)\mathrm{d}g(t)} - \frac{\int_a^\infty g^{-(1+\delta)}(t)e(t)\mathrm{d}g(t)}{\int_a^\infty g^{-(1+\delta)}(t)\mathrm{d}g(t)} \right)^2 \right]^{\frac{\gamma}{2}}$$

$$(r < 1). \quad (5.30)$$

证 在此仅仅给出不等式(5.27)的证明, 不等式(5.28), (5.29)和(5.30)的证明可以类似地给出. 如果 $r, p > 1$, 则由不等式(5.19)可知

$$g^{\delta}(b)\lambda(b) = g^{\delta}(b) \int_0^b g^{(p-1)(1+\delta)}(t) f^p(t) \mathrm{d}g(t)$$

$$= \int_0^b \varphi(b,t)\mathrm{d}\phi(t)$$

$$\geq \left(\int_0^b \varphi^{\frac{1}{p}}(b,t)\mathrm{d}\phi(t) \right)^p \left(\int_0^b \mathrm{d}\phi(t) \right)^{1-p}$$

$$\cdot \left[1 - \left(\frac{\int_0^b \varphi(b,t)e(t)\mathrm{d}\phi(t)}{\int_0^b \varphi(b,t)\mathrm{d}\phi(t)} - \frac{\int_0^b e(t)\mathrm{d}\phi(t)}{\int_0^b \mathrm{d}\phi(t)} \right)^2 \right]^{\frac{\beta}{2}}$$

$$= (-\delta^{-1})^{1-p} g^{\delta p}(b) F^p(b) \left[1 - \left(\frac{\int_0^b g^{-(1+\delta)}(t)e(t)\mathrm{d}g(t)}{\int_0^b g^{-(1+\delta)}(t)\mathrm{d}g(t)} \right. \right.$$

$$\left. \left. - \frac{\int_0^b g^{(1+\delta)(p-1)}(t)f^p(t)e(t)\mathrm{d}g(t)}{\int_0^b g^{(1+\delta)(p-1)}(t)f^p(t)\mathrm{d}g(t)} \right)^2 \right]^{\frac{\beta}{2}},$$

其中

$$\varphi(b,t) = g^{\delta}(b)\big(g(t)\big)^{p(1+\delta)} f^p(t),$$
$$\mathrm{d}\phi(t) = \big(g(t)\big)^{-(1+\delta)} \mathrm{d}g(t).$$

这样就得到我们要证的不等式(5.27). □

定理 5.8 设函数 $g(x)$ 在区间 $[0, \infty]$ 上是单调递增且连续的函数,

$g(0) = 0$, $g(x) > 0$ $(x > 0)$, $g(\infty) = \infty$. 当 $r > 1$ 时, 非负函数 $f(x)$, $e(x)$ 在区间 $[0, b]$ 上关于 $g(x)$ 是 Lebesgue 可积的; 当 $r < 1$ 时, 非负函数 $f(x), e(x)$ 在区间 $[a, \infty)$ 上关于 $g(x)$ 也是 Lebesgue 可积的, 其中 $a, b > 0$, 并且对于所有 $x, y \in [0, +\infty)$ 有 $1 - e(x) + e(y) \geq 0$. 设

$$F(x) = \begin{cases} \displaystyle\int_0^x f(t)\mathrm{d}g(t), & r > 1, \\ \displaystyle\int_x^\infty f(t)\mathrm{d}g(t), & r < 1. \end{cases}$$

如果 $p \geq 1$, 则

$$\int_0^b g^{-r}(x)F^p(x)\Big(1 - \frac{\beta}{2}\omega^2(f, g, e; x)\Big)\mathrm{d}g(x)$$
$$+ \frac{p}{r-1}g^{1-r}(b)F^p(b)\Big(1 - \frac{\beta}{2}\omega^2(f, g, e; b)\Big)$$
$$\leq \Big(\frac{p}{r-1}\Big)^p \int_0^b g^{-r}(x)\big(f(x)g(x)\big)^p \mathrm{d}g(x) \quad (r > 1), \qquad (5.31)$$

并且

$$\int_a^\infty g^{-r}(x)F^p(x)\Big(1 - \frac{\beta}{2}\varpi^2(f, g, e; x)\Big)\mathrm{d}g(x)$$
$$+ \frac{p}{1-r}g^{1-r}(b)F^p(b)\Big(1 - \frac{\beta}{2}\varpi^2(f, g, e; a)\Big)$$
$$\leq \Big(\frac{p}{1-r}\Big)^p \int_0^b g^{-r}(x)\big(f(x)g(x)\big)^p \mathrm{d}g(x) \quad (r < 1), \qquad (5.32)$$

其中 $\beta = \max\{-1, 1-p\}$, $\delta = \dfrac{1-r}{p}$,

$$\omega(f, g, e; x) = \frac{\displaystyle\int_0^x g^{-(1+\delta)}(t)e(t)\mathrm{d}g(t)}{\displaystyle\int_0^x g^{-(1+\delta)}(t)\mathrm{d}g(t)} - \frac{\displaystyle\int_0^x g^{(1+\delta)(p-1)}(t)f^p(t)e(t)\mathrm{d}g(t)}{\displaystyle\int_0^x g^{(1+\delta)(p-1)}(t)f^p(t)\mathrm{d}g(t)},$$

$$\varpi(f, g, e; x) = \frac{\displaystyle\int_x^\infty g^{-(1+\delta)}(t)e(t)\mathrm{d}g(t)}{\displaystyle\int_x^\infty g^{-(1+\delta)}(t)\mathrm{d}g(t)} - \frac{\displaystyle\int_x^\infty g^{(1+\delta)(p-1)}(t)f^p(t)e(t)\mathrm{d}g(t)}{\displaystyle\int_x^\infty g^{(1+\delta)(p-1)}(t)f^p(t)\mathrm{d}g(t)}.$$

如果 $0 < p < 1$, 则

$$\int_0^b g^{-r}(x)F^p(x)\Big(1 - \frac{\gamma}{2}\mu^2(f,g,e;x)\Big)\mathrm{d}g(x)$$

$$+ \frac{p}{r-1}g^{1-r}(b)F^p(b)\Big(1 - \frac{\gamma}{2}\mu^2(f,g,e;b)\Big)$$

$$\geq \Big(\frac{p}{r-1}\Big)^p \int_0^b g^{-r}(x)\big(f(x)g(x)\big)^p\mathrm{d}g(x) \quad (r > 1), \qquad (5.33)$$

并且

$$\int_a^\infty g^{-r}(x)F^p(x)\Big(1 - \frac{\gamma}{2}\nu^2(f,g,e;x)\Big)\mathrm{d}g(x)$$

$$+ \frac{p}{1-r}g^{1-r}(b)F^p(b)\Big(1 - \frac{\gamma}{2}\nu^2(f,g,e;a)\Big)$$

$$\geq \Big(\frac{p}{1-r}\Big)^p \int_0^b g^{-r}(x)\big(f(x)g(x)\big)^p\mathrm{d}g(x) \quad (r < 1), \qquad (5.34)$$

其中 $\gamma = \min\{p, 1-p\}$, $\delta = \dfrac{1-r}{p}$,

$$\mu(f,g,e;x) = \frac{\displaystyle\int_0^x f(t)e(t)\mathrm{d}g(t)}{\displaystyle\int_0^x f(t)\mathrm{d}g(t)} - \frac{\displaystyle\int_0^x g^{-(1+\delta)}(t)e(t)\mathrm{d}g(t)}{\displaystyle\int_0^x g^{-(1+\delta)}(t)\mathrm{d}g(t)},$$

$$\nu(f,g,e;x) = \frac{\displaystyle\int_x^\infty f(t)e(t)\mathrm{d}g(t)}{\displaystyle\int_x^\infty f(t)\mathrm{d}g(t)} - \frac{\displaystyle\int_x^\infty g^{-(1+\delta)}(t)e(t)\mathrm{d}g(t)}{\displaystyle\int_x^\infty g^{-(1+\delta)}(t)\mathrm{d}g(t)}.$$

证 这里仅仅证明 $p \geq 1$ 时的情形, $0 < p < 1$ 时的证明类似.

(1) 当 $r > 1$ 时, 由函数 $g(x)$ 单调递增的性质可知

$$0 < \lambda(x) = \int_0^x g^{-(1-p)(1+\delta)}(t)f^p(t)\mathrm{d}g(t)$$

$$= \int_0^x g^{\frac{r-1}{p}}(t)\big(g^{p-r}(t)f^p(t)\big)\mathrm{d}g(t)$$

$$\leq g^{\frac{r-1}{p}}(x)\int_0^x g^{p-r}(t)f^p(t)\mathrm{d}g(t),$$

进而有

$$\lim_{x \to 0^+} g^\delta(x)\lambda(x) = 0,$$

利用分部积分公式以及上面这个等式和不等式(5.23)可知

$$\int_0^b g^{\delta-1}(x)\lambda(x)\mathrm{d}g(x)$$

$$= \delta^{-1}g^{\delta}(b)\lambda(b) - \delta^{-1}\int_0^b g^{\delta p-1}(x)\big(g(x)f(x)\big)^p\mathrm{d}g(x)$$

$$\geq (-\delta^{-1})^{1-p}\int_0^b \left\{ \big(g(x)\big)^{\delta p-1}F^p(x)\left[1-\left(\frac{\displaystyle\int_0^x g^{-(1+\delta)}(t)e(t)\mathrm{d}g(t)}{\displaystyle\int_0^x g^{-(1+\delta)}(t)\mathrm{d}g(t)}\right.\right.\right.$$

$$\left.\left.\left.-\frac{\displaystyle\int_0^x g^{(1+\delta)(p-1)}(t)f^p(t)e(t)\mathrm{d}g(t)}{\displaystyle\int_0^x g^{(1+\delta)(p-1)}(t)f^p(t)\mathrm{d}g(t)}\right)^2\right]^{\frac{\beta}{2}}\right\}\mathrm{d}g(x),$$

也就是,

$$\int_0^b \left\{ \big(g(x)\big)^{\delta p-1}F^p(x)\left[1-\left(\frac{\displaystyle\int_0^x g^{-(1+\delta)}(t)e(t)\mathrm{d}g(t)}{\displaystyle\int_0^x g^{-(1+\delta)}(t)\mathrm{d}g(t)}\right.\right.\right.$$

$$\left.\left.\left.-\frac{\displaystyle\int_0^x g^{(1+\delta)(p-1)}(t)f^p(t)e(t)\mathrm{d}g(t)}{\displaystyle\int_0^x g^{(1+\delta)(p-1)}(t)f^p(t)\mathrm{d}g(t)}\right)^2\right]^{\frac{\beta}{2}}\right\}\mathrm{d}g(x)$$

$$\leq -\left(\frac{p}{r-1}\right)^p g^{\delta}(b)\lambda(b) + \left(\frac{p}{r-1}\right)^p\int_0^b g^{-r}(x)\big(g(x)f(x)\big)^p\mathrm{d}g(x). \tag{5.35}$$

联合不等式(5.27)和(5.35)立刻可得要证的不等式(5.31).

(2) 当 $r < 1$ 时, 采用与(1)的情况类似的方法可得

$$0 < \lambda(x) = \int_x^{\infty} g^{-(1-p)(1+\delta)}(t)f^p(t)\mathrm{d}g(t) \leq g^{\frac{r-1}{p}}(x)\int_x^{\infty} g^{p-r}(t)f^p(t)\mathrm{d}g(t),$$

进而

$$\lim_{x\to\infty} g^{\delta}(x)\lambda(x) = 0,$$

利用分部积分公式以及上面这个等式和不等式(5.24)有

$$\int_a^{\infty} g^{\delta-1}(x)\lambda(x)\mathrm{d}g(x)$$

$$= (-\delta)^{-1}g^{\delta}(a)\lambda(a) + \delta^{-1}\int_a^{\infty} g^{\delta p-1}(x)\big(g(x)f(x)\big)^p\mathrm{d}g(x)$$

$$\geq \delta^{p-1} \int_a^\infty \left\{ (g(x))^{\delta p-1} F^p(x) \left[1 - \left(\frac{\int_x^\infty g^{-(1+\delta)}(t)e(t)\mathrm{d}g(t)}{\int_x^\infty g^{-(1+\delta)}(t)\mathrm{d}g(t)} \right. \right.\right.$$

$$\left.\left.\left. - \frac{\int_x^\infty g^{(1+\delta)(p-1)}(t)f^p(t)e(t)\mathrm{d}g(t)}{\int_x^\infty g^{(1+\delta)(p-1)}(t)f^p(t)\mathrm{d}g(t)} \right)^2 \right]^{\frac{\beta}{2}} \right\} \mathrm{d}g(x),$$

也就是,

$$\int_a^\infty \left\{ (g(x))^{\delta p-1} F^p(x) \left[1 - \left(\frac{\int_x^\infty g^{-(1+\delta)}(t)e(t)\mathrm{d}g(t)}{\int_x^\infty g^{-(1+\delta)}(t)\mathrm{d}g(t)} \right. \right.\right.$$

$$\left.\left.\left. - \frac{\int_x^\infty g^{(1+\delta)(p-1)}(t)f^p(t)e(t)\mathrm{d}g(t)}{\int_x^\infty g^{(1+\delta)(p-1)}(t)f^p(t)\mathrm{d}g(t)} \right)^2 \right]^{\frac{\beta}{2}} \right\} \mathrm{d}g(x)$$

$$\leq -\left(\frac{p}{1-r} \right)^p g^\delta(b)\lambda(b) + \left(\frac{p}{1-r} \right)^p \int_0^b g^{-r}(x)(g(x)f(x))^p \mathrm{d}g(x).$$

$$(5.36)$$

联合不等式(5.28)和(5.36)立刻可得要证的不等式(5.32).

5.4　Minkowski 不等式的改进[33]

定理 5.9　设 $a_k > 0$, $b_k > 0$ $(k=1,2,\cdots,n)$, $1 - e_i + e_j \geq 0$ $(i,j=1,$

$2,\cdots,n)$. 如果 $0 < p < 1$, $\lambda = \max\left\{ -1, 1 - \frac{1}{p} \right\}$, 则有

$$\left[\sum_{k=1}^n (a_k + b_k)^p \right]^{\frac{1}{p}} \geq \left[\left(\sum_{k=1}^n a_k^p \right)^{\frac{1}{p}} + \left(\sum_{k=1}^n b_k^p \right)^{\frac{1}{p}} \right] \left(1 - \frac{\lambda}{2}\varpi^2(a,b,e) \right)$$

$$\geq \left(\sum_{k=1}^n a_k^p \right)^{\frac{1}{p}} + \left(\sum_{k=1}^n b_k^p \right)^{\frac{1}{p}}, \qquad (5.37)$$

其中

$$
\varpi(a,b,e) = \frac{1}{\left[\displaystyle\sum_{k=1}^{n}(a_k+b_k)^p\right]^2}\left[\sum_{k=1}^{n}(a_k+b_k)^p e_k \sum_{k=1}^{n}a_k(a_k+b_k)^{p-1}\right.
$$

$$
\left. - \sum_{k=1}^{n}(a_k+b_k)^p \sum_{k=1}^{n}a_k(a_k+b_k)^{p-1}e_k\right].
$$

积分形式如下:

定理 5.10 设 $f(x), g(x), e(x)$ 是定义在区间 $[a,b]$ 上的可积函数, 并且 $f(x) > 0$, $g(x) > 0$. 对于任意的 $x,y \in [a,b]$ 有 $1 - e(x) + e(y) \geq 0$. 如果 $0 < p < 1$, $\lambda = \max\left\{-1, 1-\dfrac{1}{p}\right\}$, 则有

$$
\left[\int_a^b \big(f(x)+g(x)\big)^p \mathrm{d}x\right]^{\frac{1}{p}}
$$

$$
\geq \left[\left(\int_a^b f^p(x)\mathrm{d}x\right)^{\frac{1}{p}} + \left(\int_a^b g^p(x)\mathrm{d}x\right)^{\frac{1}{p}}\right]\left(1 - \frac{\lambda}{2}\omega^2(a,b,e)\right)
$$

$$
\geq \left(\int_a^b f^p(x)\mathrm{d}x\right)^{\frac{1}{p}} + \left(\int_a^b g^p(x)\mathrm{d}x\right)^{\frac{1}{p}}, \tag{5.38}
$$

其中

$$
\omega(a,b,e) = \frac{1}{\left[\displaystyle\int_a^b \big(f(x)+g(x)\big)^p \mathrm{d}x\right]^2}
$$

$$
\cdot\left[\int_a^b \big(f(x)+g(x)\big)^p e(x)\mathrm{d}x \int_a^b f(x)\big(f(x)+g(x)\big)^{p-1}\mathrm{d}x\right.
$$

$$
\left. - \int_a^b \big(f(x)+g(x)\big)^p \mathrm{d}x \int_a^b f(x)\big(f(x)+g(x)\big)^{p-1}e(x)\mathrm{d}x\right].
$$

$$
\tag{5.39}
$$

证 这里仅仅给出定理 5.9 的证明, 定理 5.10 的证明类似. 记

$$
\sum_{k=1}^{n}(a_k+b_k)^p = \sum_{k=1}^{n}a_k(a_k+b_k)^{p-1} + \sum_{k=1}^{n}b_k(a_k+b_k)^{p-1}.
$$

由推论 3.8 可得

$$\sum_{k=1}^{n}(a_k+b_k)^p \geq \left(\sum_{k=1}^{n}a_k^p\right)^{\frac{1}{p}}\left[\sum_{k=1}^{n}(a_k+b_k)^p\right]^{\frac{p-1}{p}}$$

$$\cdot\left[1-\frac{\lambda}{2}\left(\frac{\sum_{k=1}^{n}(a_k+b_k)^p e_k}{\sum_{k=1}^{n}(a_k+b_k)^p}-\frac{\sum_{k=1}^{n}a_k(a_k+b_k)^{p-1}e_k}{\sum_{k=1}^{n}a_k(a_k+b_k)^{p-1}}\right)^2\right]$$

$$+\left(\sum_{k=1}^{n}b_k^p\right)^{\frac{1}{p}}\left[\sum_{k=1}^{n}(a_k+b_k)^p\right]^{\frac{p-1}{p}}$$

$$\cdot\left[1-\frac{\lambda}{2}\left(\frac{\sum_{k=1}^{n}(a_k+b_k)^p e_k}{\sum_{k=1}^{n}(a_k+b_k)^p}-\frac{\sum_{k=1}^{n}b_k(a_k+b_k)^{p-1}e_k}{\sum_{k=1}^{n}b_k(a_k+b_k)^{p-1}}\right)^2\right]. \quad (5.40)$$

上式两端同除以 $\left[\displaystyle\sum_{k=1}^{n}(a_k+b_k)^p\right]^{\frac{p-1}{p}}$, 有

$$\left[\sum_{k=1}^{n}(a_k+b_k)^p\right]^{\frac{1}{p}} \geq \left(\sum_{k=1}^{n}a_k^p\right)^{\frac{1}{p}}+\left(\sum_{k=1}^{n}b_k^p\right)^{\frac{1}{p}}$$

$$-\frac{\lambda}{2}\left(\sum_{k=1}^{n}a_k^p\right)^{\frac{1}{p}}\left(\frac{\sum_{k=1}^{n}(a_k+b_k)^p e_k}{\sum_{k=1}^{n}(a_k+b_k)^p}-\frac{\sum_{k=1}^{n}a_k(a_k+b_k)^{p-1}e_k}{\sum_{k=1}^{n}a_k(a_k+b_k)^{p-1}}\right)^2$$

$$-\frac{\lambda}{2}\left(\sum_{k=1}^{n}b_k^p\right)^{\frac{1}{p}}\left(\frac{\sum_{k=1}^{n}(a_k+b_k)^p e_k}{\sum_{k=1}^{n}(a_k+b_k)^p}-\frac{\sum_{k=1}^{n}b_k(a_k+b_k)^{p-1}e_k}{\sum_{k=1}^{n}b_k(a_k+b_k)^{p-1}}\right)^2. \quad (5.41)$$

另一方面,

$$\sum_{k=1}^{n}(a_k+b_k)^p e_k = \sum_{k=1}^{n}a_k(a_k+b_k)^{p-1}e_k + \sum_{k=1}^{n}b_k(a_k+b_k)^{p-1}e_k.$$

$$(5.42)$$

进而, 由不等式(5.41)和(5.42)有

$$\left[\sum_{k=1}^{n}(a_k+b_k)^p\right]^{\frac{1}{p}}$$

$$\geq\left(\sum_{k=1}^{n}a_k^p\right)^{\frac{1}{p}}+\left(\sum_{k=1}^{n}b_k^p\right)^{\frac{1}{p}}+\frac{(-\lambda)\left(\sum_{k=1}^{n}a_k^p\right)^{\frac{1}{p}}}{2\left[\sum_{k=1}^{n}(a_k+b_k)^p\sum_{k=1}^{n}a_k(a_k+b_k)^{p-1}\right]^2}$$

$$\cdot\left[\sum_{k=1}^{n}(a_k+b_k)^pe_k\sum_{k=1}^{n}a_k(a_k+b_k)^{p-1}\right.$$

$$\left.-\sum_{k=1}^{n}(a_k+b_k)^p\sum_{k=1}^{n}a_k(a_k+b_k)^{p-1}e_k\right]^2$$

$$+\frac{(-\lambda)\left(\sum_{k=1}^{n}b_k^p\right)^{\frac{1}{p}}}{2\left[\sum_{k=1}^{n}(a_k+b_k)^p\sum_{k=1}^{n}b_k(a_k+b_k)^{p-1}\right]^2}$$

$$\cdot\left[\sum_{k=1}^{n}(a_k+b_k)^p\sum_{k=1}^{n}a_k(a_k+b_k)^{p-1}e_k\right.$$

$$\left.-\sum_{k=1}^{n}a_k(a_k+b_k)^{p-1}\sum_{k=1}^{n}(a_k+b_k)^pe_k\right]^2$$

$$\geq\left(\sum_{k=1}^{n}a_k^p\right)^{\frac{1}{p}}+\left(\sum_{k=1}^{n}b_k^p\right)^{\frac{1}{p}}+\frac{(-\lambda)\left[\left(\sum_{k=1}^{n}a_k^p\right)^{\frac{1}{p}}+\left(\sum_{k=1}^{n}b_k^p\right)^{\frac{1}{p}}\right]}{2\left[\sum_{k=1}^{n}(a_k+b_k)^p\right]^4}$$

$$\cdot\left[\sum_{k=1}^{n}(a_k+b_k)^pe_k\sum_{k=1}^{n}a_k(a_k+b_k)^{p-1}\right.$$

$$\left.-\sum_{k=1}^{n}(a_k+b_k)^p\sum_{k=1}^{n}a_k(a_k+b_k)^{p-1}e_k\right]^2$$

$$=\left[\left(\sum_{k=1}^{n}a_k^p\right)^{\frac{1}{p}}+\left(\sum_{k=1}^{n}b_k^p\right)^{\frac{1}{p}}\right]\left\{1-\frac{\lambda}{2\left[\sum_{k=1}^{n}(a_k+b_k)^p\right]^4}\right.$$

$$\cdot\left[\sum_{k=1}^{n}(a_k+b_k)^pe_k\sum_{k=1}^{n}a_k(a_k+b_k)^{p-1}\right.$$

$$-\sum_{k=1}^{n}(a_k+b_k)^p\sum_{k=1}^{n}a_k(a_k+b_k)^{p-1}e_k\bigg]^2\bigg\}. \qquad (5.43)$$

从而得到不等式(5.37)的证明. □

5.5 Wang C-L 不等式的改进

1983 年, Wang, C-L 在[39]中建立了如下重要的不等式:

定理 5.11 设函数 $f(x), g(x)$ 是定义在区间 $[0,T]$ 上的正的可积函数, 并且设 $\dfrac{1}{p}+\dfrac{1}{q}=1$. 如果 $0<p<1$, 则对于任意正数 a,b,c 有

$$\frac{\left(a+c\displaystyle\int_0^T h^p(x)\mathrm{d}x\right)^{\frac{1}{p}}}{b+c\displaystyle\int_0^T h(x)g(x)\mathrm{d}x}\geq\frac{\left(a+c\displaystyle\int_0^T f^p(x)\mathrm{d}x\right)^{\frac{1}{p}}}{b+c\displaystyle\int_0^T f(x)g(x)\mathrm{d}x} \qquad (5.44)$$

成立, 其中 $h(x)=\left(\dfrac{ag(x)}{b}\right)^{\frac{q}{p}}$. 如果 $p>1$, 则上述不等式 (5.44) 反向.

定理 5.12[32] 设函数 $f(x), g(x), e(x)$ 是定义在区间 $[0,T]$ 上的可积函数, 并且 $f(x), g(x)>0$, $1-e(x)+e(y)\geq 0$. 如果 $0<p<1$, $\dfrac{1}{p}+\dfrac{1}{q}=1$, 则对于任意正数 a,b,c 有不等式

$$\frac{\left(a+c\displaystyle\int_0^T h^p(x)\mathrm{d}x\right)^{\frac{1}{p}}}{b+c\displaystyle\int_0^T h(x)g(x)\mathrm{d}x}\geq\frac{\left(a+c\displaystyle\int_0^T f^p(x)\mathrm{d}x\right)^{\frac{1}{p}}}{b+c\displaystyle\int_0^T f(x)g(x)\mathrm{d}x}$$

$$\cdot\left[1-\frac{1}{2q}\left(\frac{c\displaystyle\int_0^T f^p(x)\mathrm{d}x}{a+c\displaystyle\int_0^T f^p(x)\mathrm{d}x}-\frac{c\displaystyle\int_0^T g^q(x)\mathrm{d}x}{a^{-\frac{q}{p}}b^q+c\displaystyle\int_0^T g^q(x)\mathrm{d}x}\right)^2\right] \qquad (5.45)$$

成立, 其中 $h(x) = \left(\dfrac{ag(x)}{b}\right)^{\frac{q}{p}}$.

证. 一方面, 经过一些简单的运算有

$$\frac{\left(a + c \displaystyle\int_0^T h^p(x)\mathrm{d}x\right)^{\frac{1}{p}}}{b + c \displaystyle\int_0^T h(x)g(x)\mathrm{d}x} = \left(a^{-\frac{q}{p}}b^q + c \int_0^T g^q(x)\mathrm{d}x\right)^{-\frac{1}{q}}. \qquad (5.46)$$

另一方面, 在不等式 (5.35) 中令 $e_1 = 0$, $e_2 = 1$, $m = 2$, 由推论 3.10 可得

$$b + c \int_0^T f(x)g(x)\mathrm{d}x$$

$$\geq b + c \left(\int_0^T f^p(x)\mathrm{d}x\right)^{\frac{1}{p}} \left(\int_0^T g^q(x)\mathrm{d}x\right)^{\frac{1}{q}}$$

$$= a^{\frac{1}{p}}\left(ba^{-\frac{1}{p}}\right) + \left(c \int_0^T f^p(x)\mathrm{d}x\right)^{\frac{1}{p}} \left(c \int_0^T g^q(x)\mathrm{d}x\right)^{\frac{1}{q}}$$

$$\geq \left(a + c \int_0^T f^p(x)\mathrm{d}x\right)^{\frac{1}{p}} \left(a^{-\frac{q}{p}}b^q + c \int_0^T g^q(x)\mathrm{d}x\right)^{\frac{1}{q}}$$

$$\cdot \left[1 - \frac{1}{2q}\left(\frac{c \displaystyle\int_0^T f^p(x)\mathrm{d}x}{a + c \displaystyle\int_0^T f^p(x)\mathrm{d}x} - \frac{c \displaystyle\int_0^T g^q(x)\mathrm{d}x}{a^{-\frac{q}{p}}b^q + c \displaystyle\int_0^T g^q(x)\mathrm{d}x}\right)^2\right],$$

$$\qquad (5.47)$$

也就是,

$$\left(a^{-\frac{q}{p}}b^q + c \int_0^T g^q(x)\mathrm{d}x\right)^{-\frac{1}{q}} \geq \frac{\left(a + c \displaystyle\int_0^T f^p(x)\mathrm{d}x\right)^{\frac{1}{p}}}{b + c \displaystyle\int_0^T f(x)g(x)\mathrm{d}x}$$

$$\cdot \left[1 - \frac{1}{2q}\left(\frac{c \displaystyle\int_0^T f^p(x)\mathrm{d}x}{a + c \displaystyle\int_0^T f^p(x)\mathrm{d}x} - \frac{c \displaystyle\int_0^T g^q(x)\mathrm{d}x}{a^{-\frac{q}{p}}b^q + c \displaystyle\int_0^T g^q(x)\mathrm{d}x}\right)^2\right]. \quad (5.48)$$

联合上述不等式(5.46)和(5.48), 立刻可得要证的不等式(5.45). □

5.6 Wang C-L 不等式和 Beckenbach 型 不等式的时间标度形式

在这一节，我们首先给出 Wang C-L 不等式的时间标度版本及其改进形式，进而得到 Beckenbach 型不等式的时间标度版本及其改进形式.

经典的 Beckenbach 不等式是指:

定理 5.13[19]　设 $0 \le p \le 1$, 并且 $a_i, b_i > 0$ $(i = 1, 2, \cdots, n)$. 则有

$$\frac{\sum\limits_{i=1}^{n}(a_i + b_i)^p}{\sum\limits_{i=1}^{n}(a_i + b_i)^{p-1}} \ge \frac{\sum\limits_{i=1}^{n} a_i^p}{\sum\limits_{i=1}^{n} a_i^{p-1}} + \frac{\sum\limits_{i=1}^{n} b_i^p}{\sum\limits_{i=1}^{n} b_i^{p-1}}.$$

Wang C-L 不等式是指:

定理 5.14[39]　设函数 $f(x), g(x)$ 是定义在区间 $[s, t]$ 上的正的可积函数, 并且设 $\frac{1}{p} + \frac{1}{q} = 1$. 如果 $0 < p < 1$, 则对于任意正数 a, b, c 有

$$\frac{\left(a + c \int_s^t k^p(x)\mathrm{d}x\right)^{\frac{1}{p}}}{b + c \int_s^t k(x)g(x)\mathrm{d}x} \ge \frac{\left(a + c \int_s^t f^p(x)\mathrm{d}x\right)^{\frac{1}{p}}}{b + c \int_s^t f(x)g(x)\mathrm{d}x} \tag{5.49}$$

成立, 其中 $k(x) = \left(\frac{ag(x)}{b}\right)^{\frac{q}{p}}$. 如果 $p > 1$, 则不等式(5.49)反向.

定理 5.15[36]　设 $f(x), g(x), h(x) \in C_{rd}([s, t], [0, +\infty))$, 并且设 $\frac{1}{p} + \frac{1}{q} = 1$. 如果 $p > 1$, 则对于任意正数 a, b, c 有不等式

$$\frac{\left(a + c\displaystyle\int_s^t h(x)k^p(x)\Delta x\right)^{\frac{1}{p}}}{b + c\displaystyle\int_s^t h(x)k(x)g(x)\Delta x} \leq \frac{\left(a + c\displaystyle\int_s^t h(x)f^p(x)\Delta x\right)^{\frac{1}{p}}}{b + c\displaystyle\int_s^t h(x)f(x)g(x)\Delta x}$$

$$\cdot \left[1 - \frac{1}{2q}\left(\frac{c\displaystyle\int_s^t h(x)f^p(x)\Delta x}{a + c\displaystyle\int_s^t h(x)f^p(x)\Delta x} - \frac{c\displaystyle\int_s^t h(x)g^q(x)\Delta x}{a^{-\frac{q}{p}}b^q + c\displaystyle\int_s^t h(x)g^q(x)\Delta x}\right)^2\right]$$

$$\tag{5.50}$$

成立, 其中 $k(x) = \left(\dfrac{ag(x)}{b}\right)^{\frac{q}{p}}$. 如果 $0 < p < 1$, 则不等式(5.50)反向.

证 这里仅仅考虑 $0 < p < 1$ 时的情形, $p > 1$ 时的情形类似. 注意到 $1 + \dfrac{q}{p} = q$, 不等式(5.50)的左边变为

$$\frac{\left[a + c\displaystyle\int_s^t h(x)\left(\dfrac{ag(x)}{b}\right)^q\Delta x\right]^{\frac{1}{p}}}{b + c\displaystyle\int_s^t h(x)\left(\dfrac{ag(x)}{b}\right)^{\frac{q}{p}}g(x)\Delta x}$$

$$= \frac{\left(\dfrac{a}{b}\right)^{\frac{q}{p}}\left[a\left(\dfrac{b}{a}\right)^q + c\displaystyle\int_s^t h(x)g^q(x)\Delta x\right]^{\frac{1}{p}}}{\left(\dfrac{a}{b}\right)^{\frac{q}{p}}\left[b\left(\dfrac{b}{a}\right)^{\frac{q}{p}} + c\displaystyle\int_s^t h(x)g^q(x)\Delta x\right]}$$

$$= \left(a^{-\frac{q}{p}}b^q + c\displaystyle\int_s^t h(x)g^q(x)\Delta x\right)^{-\frac{1}{q}}. \tag{5.51}$$

另一方面, 利用 Hölder 不等式及(5.45), 其中取 $e_1 = 0$, $e_2 = 1$, 有

$$b + c\int_s^t h(x)f(x)g(x)\Delta x$$

$$\geq b + c\left(\int_s^t h(x)f^p(x)\Delta x\right)^{\frac{1}{p}}\left(\int_s^t h(x)g^q(x)\Delta x\right)^{\frac{1}{q}}$$

$$= a^{\frac{1}{p}}\left(ba^{-\frac{1}{p}}\right) + \left(c\int_s^t h(x)f^p(x)\Delta x\right)^{\frac{1}{p}}\left(c\int_s^t h(x)g^q(x)\Delta x\right)^{\frac{1}{q}}$$

85

$$\geq \left(a + c\int_s^t h(x)f^p(x)\Delta x\right)^{\frac{1}{p}}\left(a^{-\frac{q}{p}}b^q + c\int_s^t h(x)g^q(x)\Delta x\right)^{\frac{1}{q}}$$

$$\cdot\left[1 - \frac{1}{2q}\left(\frac{c\int_s^t h(x)f^p(x)\Delta x}{a + c\int_s^t h(x)f^p(x)\Delta x} - \frac{c\int_s^t h(x)g^q(x)\Delta x}{a^{-\frac{q}{p}}b^q + c\int_s^t h(x)g^q(x)\Delta x}\right)^2\right]\cdot$$

$$\tag{5.52}$$

联合不等式(5.51)和(5.52)立刻可得要证的不等式(5.50).

在不等式(5.50)中取

$$\frac{c\int_s^t h(x)f^p(x)\Delta x}{a + c\int_s^t h(x)f^p(x)\Delta x} = \frac{c\int_s^t h(x)g^q(x)\Delta x}{a^{-\frac{q}{p}}b^q + c\int_s^t h(x)g^q(x)\Delta x},$$

则由定理 5.15 立刻可得 Beckenbach 型不等式的时间标度版本:

推论 5.3[36] 设 $f(x), g(x), h(x) \in C_{rd}([s,t], [0, +\infty))$, 并且设 $\frac{1}{p} + \frac{1}{q} = 1$. 如果 $p > 1$, 则对于任意的正数 a, b, c 不等式

$$\frac{\left(a + c\int_s^t h(x)k^p(x)\Delta x\right)^{\frac{1}{p}}}{b + c\int_s^t h(x)k(x)g(x)\Delta x} \leq \frac{\left(a + c\int_s^t h(x)f^p(x)\Delta x\right)^{\frac{1}{p}}}{b + c\int_s^t h(x)f(x)g(x)\Delta x} \tag{5.53}$$

成立, 其中 $k(x) = \left(\frac{ag(x)}{b}\right)^{\frac{q}{p}}$. 如果 $0 < p < 1$, 则不等式(5.53)反向.

5.7 离散型 Beckenbach 不等式的改进

在 1950 年, Beckenbach[17] 建立了如下重要的不等式:

定理 5.16 设 $0 \leq p \leq 1$, 并且 $a_i, b_i > 0$ $(i = 1, 2, \cdots, n)$. 则有

$$\frac{\sum\limits_{i=1}^{n}(a_i+b_i)^p}{\sum\limits_{i=1}^{n}(a_i+b_i)^{p-1}} \geq \frac{\sum\limits_{i=1}^{n}a_i^p}{\sum\limits_{i=1}^{n}a_i^{p-1}} + \frac{\sum\limits_{i=1}^{n}b_i^p}{\sum\limits_{i=1}^{n}b_i^{p-1}}.$$

利用前面给出的反向胡克不等式可以得到上述离散型 Beckenbach 不等式的如下改进:

定理 5.17[33]　设 $a_i, b_i > 0$ $(i = 1, 2, \cdots, n)$, $1 - e_i + e_j \geq 0$ $(i, j = 1, 2, \cdots, n)$, 并且 $0 < p < 1$, $\lambda = \max\left\{-1, 1 - \dfrac{1}{p}\right\}$. 则有

$$\frac{\sum\limits_{i=1}^{n}(a_i+b_i)^p}{\sum\limits_{i=1}^{n}(a_i+b_i)^{p-1}} \geq \left(\frac{\sum\limits_{i=1}^{n}a_i^p}{\sum\limits_{i=1}^{n}a_i^{p-1}} + \frac{\sum\limits_{i=1}^{n}b_i^p}{\sum\limits_{i=1}^{n}b_i^{p-1}}\right)$$

$$\cdot\left\{1 - \frac{\lambda}{2}\left[\frac{e_1\left(\sum\limits_{i=1}^{n}a_i^{p-1}\right)^{\frac{1}{p-1}} + e_2\left(\sum\limits_{i=1}^{n}b_i^{p-1}\right)^{\frac{1}{p-1}}}{\left(\sum\limits_{i=1}^{n}a_i^{p-1}\right)^{\frac{1}{p-1}} + \left(\sum\limits_{i=1}^{n}b_i^{p-1}\right)^{\frac{1}{p-1}}}\right.\right.$$

$$\left.\left. - \frac{e_1\left(\sum\limits_{i=1}^{n}a_i^p\right)^{\frac{1}{p}} + e_2\left(\sum\limits_{i=1}^{n}b_i^p\right)^{\frac{1}{p}}}{\left(\sum\limits_{i=1}^{n}a_i^p\right)^{\frac{1}{p}} + \left(\sum\limits_{i=1}^{n}b_i^p\right)^{\frac{1}{p}}}\right]^2\right\}$$

$$\geq \frac{\sum\limits_{i=1}^{n}a_i^p}{\sum\limits_{i=1}^{n}a_i^{p-1}} + \frac{\sum\limits_{i=1}^{n}b_i^p}{\sum\limits_{i=1}^{n}b_i^{p-1}}. \tag{5.54}$$

证　利用 Minkowski 不等式和推论 3.8, 有

$$\sum_{i=1}^{n}(a_i+b_i)^p \geq \left[\left(\sum_{i=1}^{n}a_i^p\right)^{\frac{1}{p}} + \left(\sum_{i=1}^{n}b_i^p\right)^{\frac{1}{p}}\right]^p$$

$$= \left[\left(\frac{\sum\limits_{i=1}^{n} a_i^p}{\sum\limits_{i=1}^{n} a_i^{p-1}} \right) \left(\sum_{i=1}^{n} a_i^{p-1} \right)^{\frac{1}{p}} + \left(\frac{\sum\limits_{i=1}^{n} b_i^p}{\sum\limits_{i=1}^{n} b_i^{p-1}} \right) \left(\sum_{i=1}^{n} b_i^{p-1} \right)^{\frac{1}{p}} \right]^{p}$$

$$\geq \left(\frac{\sum\limits_{i=1}^{n} a_i^p}{\sum\limits_{i=1}^{n} a_i^{p-1}} + \frac{\sum\limits_{i=1}^{n} b_i^p}{\sum\limits_{i=1}^{n} b_i^{p-1}} \right) \left[\left(\sum_{i=1}^{n} a_i^{p-1} \right)^{\frac{1}{p-1}} + \left(\sum_{i=1}^{n} b_i^{p-1} \right)^{\frac{1}{p-1}} \right]^{p-1}$$

$$\cdot \left\{ 1 - \frac{\lambda}{2} \left[\frac{e_1 \left(\sum\limits_{i=1}^{n} a_i^{p-1} \right)^{\frac{1}{p-1}} + e_2 \left(\sum\limits_{i=1}^{n} b_i^{p-1} \right)^{\frac{1}{p-1}}}{\left(\sum\limits_{i=1}^{n} a_i^{p-1} \right)^{\frac{1}{p-1}} + \left(\sum\limits_{i=1}^{n} b_i^{p-1} \right)^{\frac{1}{p-1}}} \right. \right.$$

$$\left. \left. - \frac{e_1 \left(\sum\limits_{i=1}^{n} a_i^p \right)^{\frac{1}{p}} + e_2 \left(\sum\limits_{i=1}^{n} b_i^p \right)^{\frac{1}{p}}}{\left(\sum\limits_{i=1}^{n} a_i^p \right)^{\frac{1}{p}} + \left(\sum\limits_{i=1}^{n} b_i^p \right)^{\frac{1}{p}}} \right]^{2} \right\}$$

$$\geq \left(\frac{\sum\limits_{i=1}^{n} a_i^p}{\sum\limits_{i=1}^{n} a_i^{p-1}} + \frac{\sum\limits_{i=1}^{n} b_i^p}{\sum\limits_{i=1}^{n} b_i^{p-1}} \right) \left[\sum_{i=1}^{n} (a_i + b_i)^{p-1} \right]$$

$$\cdot \left\{ 1 - \frac{\lambda}{2} \left[\frac{e_1 \left(\sum\limits_{i=1}^{n} a_i^{p-1} \right)^{\frac{1}{p-1}} + e_2 \left(\sum\limits_{i=1}^{n} b_i^{p-1} \right)^{\frac{1}{p-1}}}{\left(\sum\limits_{i=1}^{n} a_i^{p-1} \right)^{\frac{1}{p-1}} + \left(\sum\limits_{i=1}^{n} b_i^{p-1} \right)^{\frac{1}{p-1}}} \right. \right.$$

$$\left. \left. - \frac{e_1 \left(\sum\limits_{i=1}^{n} a_i^p \right)^{\frac{1}{p}} + e_2 \left(\sum\limits_{i=1}^{n} b_i^p \right)^{\frac{1}{p}}}{\left(\sum\limits_{i=1}^{n} a_i^p \right)^{\frac{1}{p}} + \left(\sum\limits_{i=1}^{n} b_i^p \right)^{\frac{1}{p}}} \right]^{2} \right\},$$

也就是,

$$\frac{\displaystyle\sum_{i=1}^{n}(a_i+b_i)^p}{\displaystyle\sum_{i=1}^{n}(a_i+b_i)^{p-1}} \geq \left(\frac{\displaystyle\sum_{i=1}^{n}a_i^p}{\displaystyle\sum_{i=1}^{n}a_i^{p-1}}+\frac{\displaystyle\sum_{i=1}^{n}b_i^p}{\displaystyle\sum_{i=1}^{n}b_i^{p-1}}\right)$$

$$\cdot\left\{1-\frac{\lambda}{2}\left[\frac{e_1\left(\displaystyle\sum_{i=1}^{n}a_i^{p-1}\right)^{\frac{1}{p-1}}+e_2\left(\displaystyle\sum_{i=1}^{n}b_i^{p-1}\right)^{\frac{1}{p-1}}}{\left(\displaystyle\sum_{i=1}^{n}a_i^{p-1}\right)^{\frac{1}{p-1}}+\left(\displaystyle\sum_{i=1}^{n}b_i^{p-1}\right)^{\frac{1}{p-1}}}\right.\right.$$

$$\left.\left.-\frac{e_1\left(\displaystyle\sum_{i=1}^{n}a_i^p\right)^{\frac{1}{p}}+e_2\left(\displaystyle\sum_{i=1}^{n}b_i^p\right)^{\frac{1}{p}}}{\left(\displaystyle\sum_{i=1}^{n}a_i^p\right)^{\frac{1}{p}}+\left(\displaystyle\sum_{i=1}^{n}b_i^p\right)^{\frac{1}{p}}}\right]^2\right\}. \tag{5.55}$$

这样就得到我们要证的不等式. □

附　　录

为了体系的完整性, 在本附录中给出胡克教授利用胡克不等式得到的一些经典不等式的改进结果, 有关细节的证明读者可以参考文献 [13].

Dresher 不等式　设 $A_i, B_i \geq 0$, $1 - e_i + e_j > 0$ $(i, j = 1, 2, \cdots, n)$, $0 < r < 1 < p$, 则有

$$\left(\frac{\sum\limits_{i=1}^{n} (A_i + B_i)^p}{\sum\limits_{i=1}^{n} (A_i + B_i)^r} \right)^{\frac{1}{p-r}} \leq \left[\left(\frac{\sum\limits_{i=1}^{n} A_i^p}{\sum\limits_{i=1}^{n} A_i^r} \right)^{\frac{1}{p-r}} + \left(\frac{\sum\limits_{i=1}^{n} B_i^p}{\sum\limits_{i=1}^{n} B_i^r} \right)^{\frac{1}{p-r}} \right].$$

相应的 Dresher 不等式的改进如下:

定理 1　设 $A_i, B_i \geq 0$, $1 - e_i + e_j \geq 0$ $(i, j = 1, 2, \cdots, n)$, $0 < r < 1 < p$, 则有

$$\left(\frac{\sum\limits_{i=1}^{n} (A_i + B_i)^p}{\sum\limits_{i=1}^{n} (A_i + B_i)^r} \right)^{\frac{1}{p-r}} \leq \left[\left(\frac{\sum\limits_{i=1}^{n} A_i^p}{\sum\limits_{i=1}^{n} A_i^r} \right)^{\frac{1}{p-r}} + \left(\frac{\sum\limits_{i=1}^{n} B_i^p}{\sum\limits_{i=1}^{n} B_i^r} \right)^{\frac{1}{p-r}} \right]$$

90

$$-\left\{\frac{\left[\left(\sum_{i=1}^{n} A_i^p\right)^{\frac{1}{p}}+\left(\sum_{i=1}^{n} B_i^p\right)^{\frac{1}{p}}\right]^r}{\sum_{i=1}^{n}(A_i+B_i)^r}\right\}^{\frac{1}{p-r}} \cdot \frac{\mu(p)}{2} S^2(A, B, e),$$

其中

$$S(A, B, e)=\left[\frac{\sum_{i=1}^{n}(A_i^p+B_i^p)e_i}{\sum_{i=1}^{n}(A_i^p+B_i^p)}-\frac{\sum_{i=1}^{n}(A_i+B_i)^p e_i}{\sum_{i=1}^{n}(A_i+B_i)^p}\right]\left[\sum_{i=1}^{n}(A_i^p+B_i^p)\right]^{\frac{1}{p}},$$

$$\mu(p)=\min\left\{\frac{1}{2p}, \frac{1}{2}-\frac{1}{2p}\right\}.$$

Nagy 不等式　设 $b>a>0$, $p>1$, $q=1+\dfrac{p-1}{p}\alpha$, $f'\in L^p(a,b)$, 并且 $f(x)$ 在区间 $[a,b]$ 内有零点, 则有

$$|f(a)|^q+|f(b)|^q \le q\left[\left(\int_a^b |f'(x)|^p dx\right)^{\frac{1}{p}}\left(\int_a^b |f(x)|^\alpha dx\right)^{1-\frac{1}{p}}\right].$$

相应的 Nagy 不等式的改进如下:

定理 2　设 $b>a>0$, $p>1$, $q=1+\dfrac{p-1}{p}\alpha$, $f'\in L^p(a,b)$, 并且 $f(x)$ 在区间 $[a,b]$ 内有零点, 此外对于任意 $x,y\in[a,b]$, 函数 $1-e(x)+e(y)\ge 0$. 则

(1) 当 $1<p\le 2$ 时, 有

$$|f(a)|^q+|f(b)|^q \le q\left(\int_a^b |f'(x)|^p dx\right)^{\frac{2}{p}-1}$$

$$\cdot\left[\left(\int_a^b |f(x)|^\alpha dx \int_a^b |f'(x)|^p dx\right)^2-\beta^2\right]^{\frac{p-1}{2p}};$$

91

(2) 当 $p > 2$ 时 有

$$|f(a)|^q + |f(b)|^q \le q\left(\int_a^b |f(x)|^\alpha \mathrm{d}x\right)^{1-\frac{2}{p}}$$
$$\cdot \left[\left(\int_a^b |f(x)|^\alpha \mathrm{d}x \int_a^b |f'(x)|^p \mathrm{d}x\right)^2 - \beta^2\right]^{\frac{1}{2p}},$$

其中

$$\beta = \int_a^b |f'(x)|^p \mathrm{d}x \int_a^b |f(x)|^\alpha e(x)\mathrm{d}x$$
$$- \int_a^b |f(x)|^\alpha \mathrm{d}x \int_a^b |f'(x)|^p e(x)\mathrm{d}x.$$

Opial-beesack 不等式 设 $f(x)$ 为区间 $[0,h]$ 上的绝对连续函数, $f(0) = 0$, 设 $p, q > 1$, $\frac{1}{p} + \frac{1}{q} = 1$, 并且设 $g(x) > 0$, $\int_0^h g^p(x)|f'(x)|^p \mathrm{d}x$ 和 $\int_0^h g^{-q}(x)\mathrm{d}x$ 都存在, 则有

$$\int_0^h |f(x)f'(x)|\mathrm{d}x \le \frac{1}{2}\left(\int_0^h g^p(x)|f'(x)|^p \mathrm{d}x\right)^{\frac{2}{p}}\left(\int_0^h g^{-q}(x)\mathrm{d}x\right)^{\frac{2}{q}}.$$

相应的 Opial-beesack 不等式的改进如下:

定理 3（改进 1） 设 $f(x)$ 为区间 $[0,h]$ 上的绝对连续函数, $f(0) = 0$, 设 $p, q > 1$, $\frac{1}{p} + \frac{1}{q} = 1$, $1 - e(x) + e(y) \ge 0$, $g(x) > 0$, $\int_0^h g^p(x)|f'(x)|^p \mathrm{d}x$ 和 $\int_0^h g^{-q}(x)\mathrm{d}x$ 都存在, 则

(1) 当 $p \ge 2$ 时, 有

$$\int_0^h |f(x)f'(x)|\mathrm{d}x \le \frac{1}{2}\left(\int_0^h g^{-q}(x)\mathrm{d}x\right)^{\frac{2}{q}-\frac{2}{p}}$$
$$\cdot \left[\left(\int_0^h g^p(x)|f'(x)|^p \mathrm{d}x \int_0^h g^{-q}(x)\mathrm{d}x\right)^2 - \gamma^2(0,h)\right];$$

(2) 当 $1 < p < 2$ 时, 有

$$\int_0^h |f(x)f'(x)|\mathrm{d}x \le \frac{1}{2}\left(\int_0^h g^p(x)|f'(x)|^p\mathrm{d}x\right)^{\frac{2}{p}-\frac{2}{q}}$$

$$\cdot\left[\left(\int_0^h g^p(x)|f'(x)|^p\mathrm{d}x \int_0^h g^{-q}(x)\mathrm{d}x\right)^2 - \gamma^2(0,h)\right]^{\frac{1}{q}},$$

其中

$$\gamma(0,h) = \int_0^h g^{-q}(x)\mathrm{d}x \int_0^h e(x)g(x)|f'(x)|^p\mathrm{d}x$$

$$- \int_0^h g(x)|f'(x)|^p\mathrm{d}x \int_0^h e(x)g^{-q}(x)\mathrm{d}x.$$

特别地, 若取 $p=2$, $g(x)\equiv 1$, $e(x)=\frac{1}{2}\cos\frac{\pi x}{h}$, 则有

$$\int_0^h |f(x)f'(x)|\mathrm{d}x \le \frac{h}{2}\left[\left(\int_0^h |f'(x)|^2\mathrm{d}x\right)^2 - \left(\frac{1}{2}\int_0^h |f'(x)|^2\cos\frac{\pi x}{h}\mathrm{d}x\right)^2\right]^{\frac{1}{2}}.$$

定理4（改进2）　设 $f(x)$ 为区间 $[0,h]$ 上的绝对连续函数, $f(0)=f(h)=0$,

设 $p,q>1$, $\frac{1}{p}+\frac{1}{q}=1$, $1-e(x)+e(y)\ge 0$, 并且

$$\int_0^{\frac{h}{2}} e(x)g^{-q}(x)\mathrm{d}x = \int_{\frac{h}{2}}^h e(x)g^{-q}(x)\mathrm{d}x,$$

设 $g(x)>0$, 并且 $\int_0^{\frac{h}{2}} g^{-q}(x)\mathrm{d}x = \int_{\frac{h}{2}}^h g^{-q}(x)\mathrm{d}x$, 则当 $1<p<2$ 时有

$$\int_0^h |f(x)f'(x)|\mathrm{d}x \le \frac{1}{2}\left(\int_0^h g^p(x)|f'(x)|^p\mathrm{d}x\right)^{\frac{4}{p}-2}$$

$$\cdot\left[\left(\int_0^h g^p(x)|f'(x)|^p\mathrm{d}x \int_0^{\frac{h}{2}} g^{-q}(x)\mathrm{d}x\right)^2 - \gamma^2(0,h)\right]^{\frac{1}{q}},$$

其中

$$\gamma(0,h) = \int_0^{\frac{h}{2}} g^{-q}(x)\mathrm{d}x \int_0^h e(x)g^p(x)|f'(x)|^p\mathrm{d}x$$

$$- \int_0^h g(x)|f'(x)|^p\mathrm{d}x \int_0^{\frac{h}{2}} g^{-q}(x)\mathrm{d}x.$$

特别地, 若取 $p = 2$, $g(x) \equiv 1$, $e(x) = \dfrac{1}{2}\cos\dfrac{2\pi x}{h}$, 则有

$$\int_0^h |f(x)f'(x)|\mathrm{d}x \le \frac{h}{4}\left[\left(\int_0^h |f'(x)|^2\mathrm{d}x\right)^2 - \left(\frac{1}{2}\int_0^h |f'(x)|^2\cos\frac{2\pi x}{h}\,\mathrm{d}x\right)^2\right]^{\frac{1}{2}}.$$

定理 5（改进 3） 设 $f(x)$ 为区间 $[0,h]$ 上的绝对连续函数, $f(0) = 0$, 设 $p, q > 1$, $\dfrac{1}{p} + \dfrac{1}{q} = 1$, $1 - e(x) + e(y) \ge 0$, $g(x) > 0$, $\displaystyle\int_0^h g^p(x)|f'(x)|^p\mathrm{d}x$

和 $\displaystyle\int_0^h g^{-q}(x)\mathrm{d}x$ 都存在, 则当 $0 \le h_1 < h$ 时有

$$\int_{h_1}^h |f(x)f'(x)|\mathrm{d}x$$

$$\le \frac{1}{2}\left(\int_0^h g^{-q}(x)\mathrm{d}x\right)^{\frac{2}{q}}\left(\int_0^h g^p(x)|f'(x)|^p\mathrm{d}x\right)^{\frac{2}{p}}\left(1 - \lambda^2(e, f'(x), 0, h)\right)^{\mu(p)}$$

$$- \frac{1}{2}\left(\int_0^{h_1} g^{-q}(x)\mathrm{d}x\right)^{\frac{2}{q}}\left(\int_0^{h_1} g^p(x)|f'(x)|^p\mathrm{d}x\right)^{\frac{2}{p}}$$

$$\cdot \left(1 - \lambda^2(e, f'(x), 0, h_1)\right)^{\mu(p)},$$

其中

$$\lambda(e, f'(x), 0, t) = t g^{-q}(x)\int_0^t e(x)g^p(x)|f(x)|^p\mathrm{d}x$$

$$- \frac{t g^p(x)|f'(x)|^p\displaystyle\int_0^t g^{-q}(x)e(x)\mathrm{d}x}{\displaystyle\int_0^t g^{-q}(x)\mathrm{d}x\int_0^t g^p(x)|f'(x)|^p\mathrm{d}x},$$

$$\mu(p) = \begin{cases} \dfrac{1}{p}, & p \ge 2, \\[2mm] 1 - \dfrac{1}{p}, & 1 < p < 2. \end{cases}$$

钟开莱不等式 设 $B_i\,(i = 1, 2, \cdots, n)$ 为任意实数, $A_1 \ge A_2 \ge \cdots \ge A_n \ge 0$, 且有 $\displaystyle\sum_{i=1}^k A_i \le \sum_{i=1}^k B_i$, $k = 1, 2, \cdots, n$, 则 $\displaystyle\sum_{i=1}^n A_i^2 \le \sum_{i=1}^n B_i^2$.

相应的钟开莱不等式的改进如下：

定理 6　设 $B_i\,(i=1,2,\cdots,n)$ 为任意实数，$A_1 \geq A_2 \geq \cdots \geq A_n \geq 0$，且有
$$\sum_{i=1}^{k} A_i \leq \sum_{i=1}^{k} B_i,\ k=1,2,\cdots,n,\ \text{设}\ 1-e_i+e_j>0\ (i,j=1,2,\cdots,n),$$
则

$$\sum_{i=1}^{n} A_i^p \leq \sum_{i=1}^{n} \left|B_i\right|^p \left[1-\left(\frac{\displaystyle\sum_{i=1}^{n} A_1^p e_i \sum_{j=1}^{n} \left|B_j\right|^p - \sum_{i=1}^{n} A_i^p \sum_{j=1}^{n} \left|B_j\right|^p e_j}{\displaystyle\sum_{i=1}^{n} A_i^p \sum_{j=1}^{n} \left|B_j\right|^p}\right)^2\right]^{\frac{\eta(p)}{2}},$$

其中 $\eta(p)=\begin{cases} p-1, & p \geq 2, \\ 1, & p<2. \end{cases}$

Ky Fan 不等式　设 $\boldsymbol{A},\boldsymbol{B}$ 和 $\boldsymbol{C}$ 是三个实的 n 阶正定矩阵，$0 \leq \lambda \leq 1$，则有

$$\frac{1}{\left|\lambda\boldsymbol{A}+(1-\lambda)\boldsymbol{B}\right|} \leq \frac{1}{\left|\boldsymbol{A}\right|^\lambda \left|\boldsymbol{B}\right|^{1-\lambda}}.$$

相应的 Ky Fan 不等式的改进如下：

定理 7（改进 1）　设 $\boldsymbol{A},\boldsymbol{B}$ 和 $\boldsymbol{C}$ 是三个实的 n 阶正定矩阵，$0 \leq \lambda \leq 1$，则有

$$\frac{1}{\left|\lambda\boldsymbol{A}+(1-\lambda)\boldsymbol{B}\right|} \leq \frac{1}{\left|\boldsymbol{A}\right|^\lambda \left|\boldsymbol{B}\right|^{1-\lambda}}\left[1-\left(\frac{\sqrt{\left|\boldsymbol{A}\right|}}{\sqrt{\left|\boldsymbol{A}+\boldsymbol{C}\right|}}-\frac{\sqrt{\left|\boldsymbol{B}\right|}}{\sqrt{\left|\boldsymbol{B}+\boldsymbol{C}\right|}}\right)^2\right]^{\min\{\lambda,1-\lambda\}}.$$

定理 8（改进 2）　设 $\boldsymbol{A},\boldsymbol{B},\boldsymbol{C}$ 和 $\boldsymbol{D}$ 是 4 个实的 n 阶正定矩阵，$0 \leq \lambda \leq 1$，则有

$$\frac{1}{\left|\lambda\boldsymbol{A}+(1-\lambda)\boldsymbol{B}\right|} \leq \frac{1}{\left|\boldsymbol{A}\right|^\lambda \left|\boldsymbol{B}\right|^{1-\lambda}}\left(1-\delta(\boldsymbol{A},\boldsymbol{B},\boldsymbol{C},\boldsymbol{D})\right)^{2\min\{\lambda,1-\lambda\}},$$
其中 $\left|\boldsymbol{C}\right|=\pi^n$，

$$\delta(A,B,C,D) = \left[\frac{|A|^{\frac{1}{4}}}{\left|\frac{1}{2}(A+C)\right|^{\frac{1}{2}}} - \frac{|B|^{\frac{1}{4}}}{\left|\frac{1}{2}(B+C)\right|^{\frac{1}{2}}}\right]^2 \left[\sum_{k=0}^{m-1}\left(\frac{\sqrt{|A||B|}}{\left|\frac{1}{2}(A+C)\right|\left|\frac{1}{2}(B+C)\right|}\right)^{\frac{k}{2}}\right]$$
$$+ \frac{1}{2}\left(\frac{\sqrt{|A||B|}}{\left|\frac{1}{2}(A+C)\right|\left|\frac{1}{2}(B+C)\right|}\right)^{\frac{m}{2}}\left(\frac{\sqrt{|A|}}{\sqrt{|A+D|}} - \frac{\sqrt{|B|}}{\sqrt{|B+D|}}\right)^2.$$

Opial-华罗庚不等式   设 $f(x)$ 为区间 $[0,h]$ 上的绝对连续函数, $f(0)=0$, 并且 $p>0$, $q>1$, 则有

$$\int_0^b |f|^p |f'|^q \,\mathrm{d}x \le \frac{qb^p}{p+q}\int_0^b |f'|^{p+q}\,\mathrm{d}x.$$

相应的 Opial-华罗庚不等式的改进如下:

定理9   设 $f(x)$ 为区间 $[0,h]$ 上的绝对连续函数, $f(0)=0$, 并且 $p,q>0$, $p+q>1$, 设 $1-e(x)+e(y)\ge 0$, 并且 $e(x)=\frac{1}{2}\cos\frac{\pi x}{t}$, $s=\min\{1, p+q-1\}$. 若 $0\le b_1 < b$, 则有

$$\int_{b_1}^b |f|^p |f'|^q \,\mathrm{d}x + \frac{p(q-1)}{p+q}\left(\int_{b_1}^b x^{-q}|f|^{p+q}\,\mathrm{d}x\right) + \frac{pqs}{2(p+q)}\pi(b_1,b)$$
$$\le \frac{q}{p+q}\left(b^p\int_0^b |f'|^{p+q}\,\mathrm{d}x - b_1^p\int_0^{b_1}|f'|^{p+q}\,\mathrm{d}x\right),$$

其中

$$\pi(b_1,b) = \int_{b_1}^b t^{p-1}\int_0^t |f'|^{p+q}\,\mathrm{d}x\left(\frac{1}{t}\int_0^t e(x)\mathrm{d}x - \frac{\int_0^t e(x)|f'|^{p+q}\,\mathrm{d}x}{\int_0^t |f'|^{p+q}\,\mathrm{d}x}\right)^2\mathrm{d}t.$$

Ingham 不等式   设 a_k,b_k,λ 为任意实数, 记 $\|x\| = \sum_{k=0}^n |x_k|^2$, $S_{i,\lambda}(\boldsymbol{a},\boldsymbol{b}) = \sum_{r,s=0}^n \frac{a_r b_s}{(r+s+\lambda)^i}$, 则有

$$|S_{1,\lambda}(\boldsymbol{a},\boldsymbol{b})|^2 \le M^2(\lambda)\|\boldsymbol{a}\|\cdot\|\boldsymbol{b}\|,$$

其中

$$M(\lambda) = \begin{cases} \dfrac{\pi}{\sin \lambda \pi}, & 0 \le \lambda \le \dfrac{1}{2}, \\[3mm] 1, & \dfrac{1}{2} < \lambda \le 1. \end{cases}$$

相应的 Ingham 不等式的改进如下:

定理 10（改进 1）设 a_k, b_k, λ 为任意实数, 记 $T_i(\boldsymbol{a}, \boldsymbol{b}) = \displaystyle\sum_{l,m=0,\ l \ne m}^{n} \frac{a_l b_m}{(l-m)^i}$,

$\|\boldsymbol{x}\| = \displaystyle\sum_{k=0}^{n} |x_k|^2$, $S_{i,\lambda}(\boldsymbol{a}, \boldsymbol{b}) = \displaystyle\sum_{r,s=0}^{n} \frac{a_r b_s}{(r+s+\lambda)^i}$, 则有

$$\left| T_1(\boldsymbol{a}, \boldsymbol{b}) \right|^2 + \sin^2 \lambda \pi \left| S_{1,\lambda}(\boldsymbol{a}, \boldsymbol{b}) \cot \lambda \pi - \frac{1}{\pi} S_{2,\lambda}(\boldsymbol{a}, \boldsymbol{b}) \right|^2$$

$$\le \pi^2 \bigg\{ \left[\|\boldsymbol{a}\| \, \|\boldsymbol{b}\| - \pi^{-2} \sin^2 \lambda \pi \, S_{1,\lambda}(\boldsymbol{a}, \bar{\boldsymbol{a}}) S_{1,\lambda}(\boldsymbol{b}, \bar{\boldsymbol{b}}) \right]^2$$

$$- \frac{4}{\pi^4} \left(\tau_\lambda(\boldsymbol{a}, \boldsymbol{b}) + \tau_\lambda(\boldsymbol{b}, \boldsymbol{a}) \right)^2 \bigg\}^{\frac{1}{2}},$$

其中

$$\tau_\lambda(\boldsymbol{a}, \boldsymbol{b}) = \sin \lambda \pi \bigg\{ \|\boldsymbol{b}\| \left[\frac{\pi}{3} S_{1,\lambda}(\boldsymbol{a}, \bar{\boldsymbol{a}}) + \cot \lambda \pi \, S_{2,\lambda}(\boldsymbol{a}, \bar{\boldsymbol{a}}) - \pi^{-2} S_{3,\lambda}(\boldsymbol{a}, \bar{\boldsymbol{a}}) \right]$$

$$- \pi^{-1} S_{1,\lambda}(\boldsymbol{b}, \bar{\boldsymbol{b}}) T_2(\boldsymbol{a}, \bar{\boldsymbol{a}}) \bigg\}.$$

定理 11（改进 2）设 a_k, b_k, λ 为任意实数, 记 $T_i(\boldsymbol{a}, \boldsymbol{b}) = \displaystyle\sum_{l,m=0,\ l \ne m}^{n} \frac{a_l b_m}{(l-m)^i}$,

$\|\boldsymbol{x}\| = \displaystyle\sum_{k=0}^{n} |x_k|^2$, $S_{i,\lambda}(\boldsymbol{a}, \boldsymbol{b}) = \displaystyle\sum_{r,s=0}^{n} \frac{a_r b_s}{(r+s+\lambda)^i}$, 则有

$$\left| S_{1,\lambda}(a, b) \right|^2 + \left| \frac{T_1(a, b)}{\sin \lambda \pi} \right|^2 + \left| S_{1,\lambda}(a, b) \cot \lambda \pi - \frac{1}{\pi} S_{2,\lambda}(a, b) \right|^2$$

$$\le \frac{\pi^2}{\sin^2 \lambda \pi} \left(\|a\| \, \|b\| \right).$$

定理 12（改进 3）设 a_k, b_k, λ 为任意实数, 记 $T_i(\boldsymbol{a}, \boldsymbol{b}) = \displaystyle\sum_{l,m=0,\ l \ne m}^{n} \frac{a_l b_m}{(l-m)^i}$,

$\|\boldsymbol{x}\| = \displaystyle\sum_{k=0}^{n} |x_k|^2$, $S_{i,\lambda}(\boldsymbol{a}, \boldsymbol{b}) = \displaystyle\sum_{r,s=0}^{n} \frac{a_r b_s}{(r+s+\lambda)^i}$, 则有

$$\left(|T_1(\boldsymbol{a}, \boldsymbol{b})|^2 + |S_{1,1}(\boldsymbol{a}, \boldsymbol{b})|^2 \right)^2 + \left(\frac{4}{\pi} \right)^2 \left(S_{2,1}(\boldsymbol{a}, \bar{\boldsymbol{a}}) \, \|\boldsymbol{b}\| + S_{2,1}(\boldsymbol{b}, \bar{\boldsymbol{b}}) \, \|\boldsymbol{a}\| \right)^2$$
$$\leq \pi^4 \left(\|\boldsymbol{a}\| \, \|\boldsymbol{b}\| \right)^2.$$

定理13（改进 4）设 a_k, b_k, λ 为任意实数，记 $T_i(\boldsymbol{a}, \boldsymbol{b}) = \displaystyle\sum_{l,m=0,\ l \neq m}^{n} \frac{a_l b_m}{(l-m)^i}$,

$\|\boldsymbol{x}\| = \displaystyle\sum_{k=0}^{n} |x_k|^2$, $\|\bar{\boldsymbol{x}}\| = \displaystyle\sum_{k=0}^{n} \frac{|x_k|}{k+1}$, $S_{i,\lambda}(\boldsymbol{a}, \boldsymbol{b}) = \displaystyle\sum_{r,s=0}^{n} \frac{a_r b_s}{(r+s+\lambda)^i}$, 则有

$$\left| S_{1, \frac{1}{2}}(\boldsymbol{a}, \boldsymbol{b}) \right|^2 + \left| T_1(\boldsymbol{a}, \boldsymbol{b}) \right|^2$$
$$\leq \pi^2 \left\{ \left[\|\boldsymbol{a}\| \, \|\boldsymbol{b}\| - \frac{1}{\pi^4} S_{2, \frac{1}{2}}(\boldsymbol{a}, \bar{\boldsymbol{a}}) S_{2, \frac{1}{2}}(\boldsymbol{b}, \bar{\boldsymbol{b}}) \right]^2 \right.$$
$$\left. - \frac{1}{\pi^8} \left[\|\bar{\boldsymbol{a}}\| S_{2, \frac{1}{2}}(\boldsymbol{b}, \bar{\boldsymbol{b}}) + \|\bar{\boldsymbol{b}}\| S_{2, \frac{1}{2}}(\boldsymbol{a}, \bar{\boldsymbol{a}}) \right]^2 \right\}^{\frac{1}{2}}.$$

定理14（Hilbert 积分不等式的改进）设 $f, g \geq 0$ 且 $f, g \in L^2(0, \infty)$，则当 $1 - e(x) + e(y) \geq 0$ 时有

$$\left(\int_0^{\infty} \int_0^{\infty} \frac{f(x) g(y)}{x+y} \mathrm{d}x \, \mathrm{d}y \right)^2$$
$$\leq \pi^2 \left[\left(\int_0^{\infty} f^2(x) \mathrm{d}x \right)^2 - \left(\int_0^{\infty} f^2(x) \alpha(x) \mathrm{d}x \right)^2 \right]$$
$$\cdot \left[\left(\int_0^{\infty} g^2(x) \mathrm{d}x \right)^2 - \left(\int_0^{\infty} g^2(x) \alpha(x) \mathrm{d}x \right)^2 \right],$$

其中 $\alpha(x) = \dfrac{2}{\pi} \displaystyle\int_0^{\infty} \frac{e(xt^2)}{1+t^2} \mathrm{d}t - e(x)$.

Hardy 型不等式 设 $f(x) \in L^p(0, \infty)$，$p > 1$ 及 $f(x) \geq 0$，则有

$$\int_0^{\infty} \left(\frac{\int_0^x f(t) \mathrm{d}t}{x} \right)^p \mathrm{d}x \leq \left(\frac{p}{p-1} \right)^p \int_0^{\infty} f^p(x) \mathrm{d}x.$$

相应的 Hardy 型不等式的改进如下：

定理 15（改进 1）设

(1) $0 < \lambda \le 1,\ p,q > 1,\ \lambda = 2 - \dfrac{1}{p} - \dfrac{1}{q}$;

(2) $f(x), g(x) \ge 0,\ x \in (0,\infty),\ F(y) \ge 0,\ y \ge 0$, 以及对每一正数 h, $\displaystyle\int_0^h g(x)\mathrm{d}x$ 存在;

(3) 设函数 $e(x)$ 定义在 $[0,\infty)$ 上, 并且 $1 - e(x) + e(y) \ge 0$.

令 $q' = \dfrac{q}{q-1}$ 及

$$G_1(x) = \frac{g^{\frac{1}{q'}}(x) \displaystyle\int_0^x g(t)\left(\int_0^t g(v)\mathrm{d}v\right)^{-\alpha\lambda} F^{\frac{1}{p}}\big(f(t)\big)\mathrm{d}t}{\left(\displaystyle\int_0^x g(t)\mathrm{d}t\right)^{(1-\alpha)\lambda}},$$

$$G_2(x) = \frac{g^{\frac{1}{\lambda q'}}(x) \displaystyle\int_0^x g(t)\left(\int_0^t g(v)\mathrm{d}v\right)^{-\alpha} F^{\frac{1}{\lambda p'}}\big(f(t)\big)\mathrm{d}t}{\left(\displaystyle\int_0^x g(t)\mathrm{d}t\right)^{1-\alpha}},$$

$H_1 = \big(g(x)F(f(x))\big)^{\frac{1}{\lambda q'}}$. 若 $\alpha < 1 - \dfrac{1}{\lambda q'}$ 和 $H_1 \in L^{\lambda q'}(0,\infty)$, 则

$$\int_0^\infty G_1^{q'}(x)\mathrm{d}x \le \left(\frac{q'\lambda}{q'\lambda(1-\alpha)-1}\right)^{q'\lambda}\left(\int_0^\infty g(x)F\big(f(x)\big)\mathrm{d}x\right)^{q'(1-\lambda)+1}$$
$$\cdot\big(1 - R^2(G_2, H_1)\big)^{\theta(q'\lambda)},$$

其中, $\theta(x) = \begin{cases} \dfrac{1}{2}, & x > 2, \\ \dfrac{1}{2}(x-1), & 1 < x \le 2, \end{cases}$

$$R(G_2, H_1) = \frac{\displaystyle\int_0^\infty G_2^{q'\lambda}(x)e(x)\mathrm{d}x}{\displaystyle\int_0^\infty G_2^{q'\lambda}(x)\mathrm{d}x} - \frac{\displaystyle\int_0^\infty H_1^{q'\lambda}(x)e(x)\mathrm{d}x}{\displaystyle\int_0^\infty H_1^{q'\lambda}(x)\mathrm{d}x}.$$

定理 16（改进 2）　设

(1) $p > 1,\ r > 1$;

99

(2) $f(x), g(x) \geq 0$, $x \in (0, \infty)$, $F(y) \geq 0$, $y \geq 0$ 及对每一正数 h, $\int_0^h g(x)\mathrm{d}x$ 存在;

(3) 设函数 $e(x)$ 定义在 $[0, \infty)$ 上, 并且 $1 - e(x) + e(y) \geq 0$. 令

$$G_3(x) = \frac{g^{\frac{1}{p}}(x) \int_0^x g(t) F^{\frac{1}{p}}(f(t))\mathrm{d}t}{\left(\int_0^x g(t)\mathrm{d}t\right)^{\frac{r}{p}}},$$

$$H_2(x) = g^{\frac{1}{p}}(x) \left(\int_0^x g(t)\mathrm{d}t\right)^{\frac{p-r}{p}} F^{\frac{1}{p}}(f(x)).$$

若 $H_2 \in L^p(0, \infty)$, 则

$$\int_0^\infty G_3^p(x)\mathrm{d}x \leq \left(\frac{p}{r-1}\right)^p \int_0^\infty H_2^p(x)\mathrm{d}x \left(1 - R^2(G_3, H_2)\right)^{\theta(p)},$$

其中, $\theta(x) = \begin{cases} \dfrac{1}{2}, & x > 2, \\[2mm] \dfrac{1}{2}(x-1), & 1 < x \leq 2, \end{cases}$

$$R(G_2, H_1) = \frac{\int_0^\infty G_2^{q'\lambda}(x)e(x)\mathrm{d}x}{\int_0^\infty G_2^{q'\lambda}(x)\mathrm{d}x} - \frac{\int_0^\infty H_1^{q'\lambda}(x)e(x)\mathrm{d}x}{\int_0^\infty H_1^{q'\lambda}(x)\mathrm{d}x}.$$

Hardy-Littlewood-Polya 不等式 设 $p > 1$, $\dfrac{1}{p} + \dfrac{1}{q} = 1$, $f, g \geq 0$, $f \in L^p(0, \infty)$, $g \in L^p(0, \infty)$. 又设 $K(x, y)$ (≥ 0) 为齐负一次式, 并且设

$$\int_0^\infty K(x, 1)x^{-\frac{1}{p}}\mathrm{d}x = \int_0^\infty K(1, y)y^{-\frac{1}{q}}\mathrm{d}y = k.$$

则有

$$\int_0^\infty \left(\int_0^\infty K(x, y)f(x)\mathrm{d}x\right)^p \mathrm{d}y \leq k^p \int_0^\infty f^p(x)\mathrm{d}x,$$

以及

$$\int_0^\infty \int_0^\infty K(x,y)f(x)g(y)\mathrm{d}x\,\mathrm{d}y$$

$$\leq k\left(\int_0^\infty f^p(x)\mathrm{d}x\right)^{\frac{1}{p}}\left(\int_0^\infty g^q(y)\mathrm{d}y\right)^{\frac{1}{q}}.$$

相应的 Hardy-Littlewood-Polya 不等式的改进如下：

定理 17（改进 1 ）　设 $p>1,\ 0<\lambda\leq 1$ 及 $f(x)\,(\geq 0)\in L^p(0,\infty).$ 又设 $K(x,y)\geq 0$ 及 $\left(K(x,y)\right)^{\frac{1}{\lambda}}$ 为齐负一次式. 若有 $q>1$ 使 $\lambda=2-\dfrac{1}{p}-\dfrac{1}{q}$

及

$$\int_0^\infty \left(K(x,1)x^{-\frac{1}{q'}}\right)^{\frac{1}{\lambda}}\mathrm{d}x = k,\quad q'=\frac{q}{q-1},$$

则

$$\int_0^\infty \left(\int_0^\infty K(x,y)f(x)\mathrm{d}x\right)^{q'}\mathrm{d}y \leq k^{\lambda q'}\left(\int_0^\infty f^p(x)\mathrm{d}x\right)^{(1-\lambda)q'+1}.$$

定理 18（改进 2 ）　设 $p>1,\ 0<\lambda\leq 1$ 及 $f(x),g(x)\,(\geq 0)\in L^p(0,\infty),$ $1+e(x)-e(y)\geq 0$ 对 $x,y\in(0,\infty)$ 成立. 设 $K(x,y)\geq 0$ 及 $\left(K(x,y)\right)^{\frac{1}{\lambda}}$ 为齐负一次式. 又设 $q>1$ 使 $\lambda=2-\dfrac{1}{p}-\dfrac{1}{q}$ 且

$$\int_0^\infty \left(K(x,1)x^{-\frac{1}{q'}}\right)^{\frac{1}{\lambda}}\mathrm{d}x = k,\quad q'=\frac{q}{q-1},$$

则有

$$\int_0^\infty \int_0^\infty K(x,y)f(x)g(y)\mathrm{d}x\,\mathrm{d}y$$

$$\leq k^\lambda \left(\int_0^\infty f^p(x)\mathrm{d}x\right)^{\frac{1}{p}}\left(\int_0^\infty g^q(y)\mathrm{d}y\right)^{\frac{1}{q}}\left(1-R^2(f,g)\right)^{\frac{1}{2}\rho(q)},$$

其中 $\rho(q)=\min\left\{\dfrac{1}{q},\dfrac{1}{q'}\right\},$

$$kE(x)=\int_0^\infty e\left(\frac{\omega}{x}\right)\left(K(\omega,1)\omega^{-\frac{1}{q'}}\right)^{\frac{1}{\lambda}}\mathrm{d}\omega,$$

$$R(f, g) = \frac{\int_0^\infty g^q(y) e(y) \mathrm{d}y}{\int_0^\infty g^q(y) \mathrm{d}y} - \frac{\int_0^\infty f^p(x) E(x) \mathrm{d}x}{\int_0^\infty f^p(x) \mathrm{d}x}.$$

定理 19（改进 3）设 $c > 0$, $p > 1$, $0 < \lambda \le 1$ 及 $f(x), g(x) (\ge 0) \in L^p(0, \infty)$,

$1 + e(x) - e(y) \ge 0$ 对 $x, y \in (0, \infty)$ 成立. 设 $K(x, y) = (x^c + y^c)^{-\frac{\lambda}{c}}$,

$q > 1$ 使 $\lambda = 2 - \dfrac{1}{p} - \dfrac{1}{q}$ 且 $q' = \dfrac{q}{q-1}$, 则有

$$\int_0^\infty \int_0^\infty \frac{f(x)g(y)}{(x^c + y^c)^{\frac{\lambda}{c}}} \mathrm{d}x\, \mathrm{d}y$$
$$\le c^{-\lambda} B^\lambda \left(\frac{1}{c\lambda p'}, \frac{1}{c\lambda q'} \right) \|f\|_p \|g\|_q \left(1 - R^2(f, g) \right)^{\frac{1}{2} m(q)},$$

其中 $m(q) = \min \left\{ \dfrac{1}{q}, \dfrac{1}{q'} \right\}$, $B(a, b)$ 为 Beta 函数,

$$R(f, g) = \frac{(g^q, e)}{\|g\|_q^q} - \frac{(f^p, E)}{\|f\|_p^p},$$

$$c^{-1} B \left(\frac{1}{c\lambda p'}, \frac{1}{c\lambda q'} \right) E(x) = \int_0^\infty \frac{1}{(\omega^c + 1)^{\frac{1}{c}}} \omega^{-\frac{1}{\lambda q'}} e\left(\frac{x}{\omega} \right) \mathrm{d}\omega.$$

定理 20（改进 4）同定理 19 所设, 但 $p = q$, $e(x) = \dfrac{1}{2} \cos \sqrt{x}$, $E(x) = \dfrac{1}{2} \mathrm{e}^{-\sqrt{x}}$,

则

$$I(f) = \int_0^\infty \int_0^\infty \frac{1}{(x+y)^\lambda} f(x) f(y) \mathrm{d}x\, \mathrm{d}y$$
$$\le \pi^\lambda \|f\|_p^2 \left[1 - \frac{1}{4} \left(\frac{\int_0^\infty f^q(x) (\cos \sqrt{x} - \mathrm{e}^{-\sqrt{x}}) \mathrm{d}x}{\|f\|_p^p} \right)^2 \right]^{\frac{1}{p}}.$$

定理 21（改进 5）设 $1 + e(x) - e(y) \ge 0$ 对 $x, y \in (0, \infty)$ 成立, $\lambda > 0$,

$p, q > 1$, $\dfrac{1}{p} + \dfrac{1}{q} = 1$, $f, g \ge 0$. 又设 $K(x, y) \ge 0$, $|K(x, y)|^{\frac{1}{\lambda}}$ 为齐负一

次式. 若记

$$F_\lambda(x) = x^{\frac{1-\lambda}{q}} f(x) \in L^p(0,\infty), \quad G_\lambda(y) = y^{\frac{1-\lambda}{p}} g(y) \in L^p(0,\infty),$$

$$R(F_\lambda, G_\lambda) = \frac{(G_\lambda^q, e)}{\|G_\lambda\|_q^q} - \frac{(F_\lambda^p, E)}{\|F_\lambda\|_p^p}, \quad \int_0^\infty K(\omega, 1)\omega^{\frac{\lambda}{q}-1}\mathrm{d}\omega = k,$$

$$\rho(p) = \min\left\{\frac{1}{p}, \frac{1}{q}\right\}, \quad kE(x) = \int_0^\infty K(\omega, 1)e\left(\frac{x}{\omega}\right)\omega^{\frac{\lambda}{q-1}}\mathrm{d}\omega.$$

则有

$$\int_0^\infty y^{\lambda-1}\left(\int_0^\infty K(x,y)f(x)\mathrm{d}x\right)^p \mathrm{d}y \le k \int_0^\infty x^{(p-1)(1-\lambda)} f^p(x)\mathrm{d}x,$$

以及

$$\int_0^\infty \int_0^\infty K(x,y)f(x)g(y)\mathrm{d}x\,\mathrm{d}y$$

$$\le k \|F_\lambda\|_p \|G_\lambda\|_q \left(1 - R^2(F_\lambda, G_\lambda)\right)^{\frac{\rho(p)}{2}}.$$

定理 22（改进 6） 设 $1 + e(x) - e(y) \ge 0$ 对 $x, y \in (0,\infty)$ 成立, $\lambda > 0$, $p, q > 1$, $\frac{1}{p} + \frac{1}{q} = 1$, $f, g \ge 0$. 又设 $K(x,y) = \dfrac{1}{(x^c + y^c)^{\frac{\lambda}{c}}}$, $c > 0$. 若记

$$F_\lambda(x) = x^{\frac{1-\lambda}{q}} f(x) \in L^p(0,\infty), \quad G_\lambda(y) = y^{\frac{1-\lambda}{p}} g(y) \in L^p(0,\infty),$$

$$R(F_\lambda, G_\lambda) = \frac{(G_\lambda^q, e)}{\|G_\lambda\|_q^q} - \frac{(F_\lambda^p, E)}{\|F_\lambda\|_p^p}, \quad \int_0^\infty K(\omega, 1)\omega^{\frac{\lambda}{q}-1}\mathrm{d}\omega = k,$$

$$\rho(p) = \min\left\{\frac{1}{p}, \frac{1}{q}\right\}, \quad kE(x) = \int_0^\infty K(\omega, 1)e\left(\frac{x}{\omega}\right)\omega^{\frac{\lambda}{q-1}}\mathrm{d}\omega.$$

则有

$$\int_0^\infty \int_0^\infty K(x,y)f(x)g(y)\mathrm{d}x\,\mathrm{d}y$$

$$\le \frac{1}{c}B\left(\frac{\lambda}{cp}, \frac{\lambda}{cq}\right)\|F_\lambda\|_p \|G_\lambda\|_q \left(1 - R^2(F_\lambda, G_\lambda)\right)^{\frac{\rho(p)}{2}}.$$

定理 23（改进 7） 如定理 22 所设, 取 $p = 2$, 记

$$I(f, g) = \int_0^\infty \int_0^\infty \frac{f(x)g(y)}{x^\lambda + y^\lambda}\mathrm{d}x\,\mathrm{d}y.$$

则有

$$I(f,g) \leq \frac{\pi}{\lambda} \|F_\lambda\|_2 \|G_\lambda\|_2 \left(1 - R_i^2(F_\lambda, G_\lambda)\right)^{\frac{1}{4}}$$

$$\cdot \left(1 - R_i^2(G_\lambda, G_\lambda)\right)^{\frac{1}{4}}, \quad i = 1, 2,$$

其中

$$R_i(h,h) = \frac{\dfrac{1}{2}\displaystyle\int_0^\infty h^2(y)\left(\cos\sqrt{y^\lambda} - \mathrm{e}^{-\sqrt{y^\lambda}}\right)\mathrm{d}y}{\|h\|_2^2}, \quad h = F_\lambda, G_\lambda.$$

定理 24（改进 8） 设 $p > 1$, $\dfrac{1}{p} + \dfrac{1}{q} = 1$, $\lambda > 0$, $f(x) \geq 0$, $g(y) \geq 0$ 及 $x^{\frac{1-\lambda}{p}} f(x) \in L^p(0,\infty)$, $y^{\frac{1-\lambda}{q}} g(y) \in L^p(0,\infty)$, 并且对任意的 $x, y \in (0,\infty)$, 都有 $1 + e(x) - e(y) \geq 0$. 又设 $K(x,y) \geq 0$, $K^{\frac{1}{\lambda}}(x,y)$ 为关于 x, y 的齐负一次式. 若记

$$\int_0^\infty K(x,1)x^{\frac{\lambda-2}{p}}\,\mathrm{d}x = k,$$

$$R(f,g) = \frac{\displaystyle\int_0^\infty y^{1-\lambda} e(y) g^p(y)\,\mathrm{d}y}{\displaystyle\int_0^\infty y^{1-\lambda} g^p(y)\,\mathrm{d}y} - \frac{\displaystyle\int_0^\infty x^{1-\lambda} f^p(x) E(x)\,\mathrm{d}x}{\displaystyle\int_0^\infty x^{1-\lambda} f^p(x)\,\mathrm{d}x},$$

$$kE(x) = \int_0^\infty e\left(\frac{x}{\omega}\right) K(\omega,1)\omega^{\frac{\lambda-2}{p}}\,\mathrm{d}\omega, \quad \theta(p) = \begin{cases} \dfrac{1}{2p}, & p \geq q, \\[2mm] \dfrac{1}{2q}, & q > p, \end{cases}$$

则有

$$\int_0^\infty y^{\frac{(\lambda-1)p}{q}} \left(\int_0^\infty K(x,y)f(x)\,\mathrm{d}x\right)^p \mathrm{d}y \leq k^p \int_0^\infty x^{1-\lambda} f^p(x)\,\mathrm{d}x,$$

以及

$$\int_0^\infty \int_0^\infty K(x,y)f(x)g(y)\,\mathrm{d}x\,\mathrm{d}y$$

$$\leq k \left(\int_0^\infty x^{1-\lambda} f^p(x)\,\mathrm{d}x\right)^{\frac{1}{p}} \left(\int_0^\infty y^{1-\lambda} g^q(y)\,\mathrm{d}y\right)^{\frac{1}{q}} \left(1 - R^2(f,g)\right)^{\theta(p)}.$$

定理 25（改进 9）　设 $1 - \alpha\lambda + \lambda p + \dfrac{\lambda - 2}{p} > 0,\ f \geq 0,\ x^{\frac{1-\lambda}{p}} f \in L^p(0, \infty)$,

则有

$$\int_0^\infty y^{\frac{(\lambda-1)p}{q}} \left(\int_0^y \frac{y^{(\alpha-1)\lambda}}{x^{\alpha\lambda}} f(x)\mathrm{d}x \right)^p \mathrm{d}y$$

$$\leq \frac{p^p}{[p - \lambda(\alpha-1)p + \lambda - 2]^p} \int_0^\infty x^{1-\lambda} f^p(x)\mathrm{d}x.$$

定理 26（改进 10）　设 $\lambda - 2 + \min\{p, q\} > 0,\ f(x) \geq 0,\ x^{\frac{1-\lambda}{p}} f \in L^p(0, \infty)$,

则有

$$\int_0^\infty y^{\frac{(\lambda-1)p}{q}} \left[\int_0^\infty f(x)(x+y)^{-\lambda}\mathrm{d}x \right]^p \mathrm{d}y$$

$$\leq B^p \left(1 + \frac{\lambda - 2}{p}, 1 + \frac{\lambda - 2}{p} \right) \int_0^\infty x^{1-\lambda} f^p(x)\mathrm{d}x.$$

参考文献

[1] 胡克. 一个不等式及其若干应用. 中国科学, 1981, 2: 141-148.

[2] 胡克. 论 Nagy-Carlson 型不等式. 江西师范大学学报, 1993, 17 (2): 89-91.

[3] 胡克. 关于 Beekenbach 不等式. 江西师范大学学报, 1994, 18 (2): 140-141.

[4] 胡克. 论 Hölder 不等式. 江西师范大学学报, 1994, 18 (3): 205-207.

[5] 胡克. 关于 Hardy-Littlewood-Polya 不等式及其应用. 数学年刊, 1994, 15 (5): 524-527.

[6] 胡克. 论 Opial-Beesack 不等式. 江西师范大学学报, 1995, 19 (1): 23-26.

[7] 胡克. 关于 Minkowski 不等式. 江西师范大学学报, 1995, 19 (4): 285-287.

[8] 胡克. 伪平均不等式的改进与推广. 抚州师专学报, 1996, 1 (1): 1-3.

[9] 胡克. 论 Opial-华罗庚型积分不等式. 数学年刊, 1996, 17 (5): 517-518.

[10] 胡克. 论一个不等式及其若干应用. 数学物理学报, 1998, 18 (2): 192-199.

[11] 胡克. 单叶函数的若干问题. 武汉: 武汉大学出版社, 2001.

[12] 胡克. 一个新的不等式及若干应用. 数学理论与应用, 2002, 22 (2): 1-6.

[13] 胡克. 解析不等式的若干问题. 武汉: 武汉大学出版社, 2003.

[14] 胡克. 关于 Aczél-Popoviciu-Vasic 不等式. 江西师范大学学报,

2006, 30 (2): 158-160.

[15]　匡继昌. 常用不等式(第四版). 济南: 山东科学技术出版社, 2010.

[16]　Aczél J. Some general methods in the theory of functional equations in one variable. New applications of functional equations, Uspehi. Mat. Nauk (N. S.) (in Russian), 1956, 11: 3-68.

[17]　Beckenbach E F, A class of mean-value functions. The American Mathematical Monthly, 1950, 57: 1-6.

[18]　Beckenbach E F. On Hölder's inequality. Journal of Mathematical Analysis and Applications, 1966, 15: 21-29.

[19]　Beckenbach E F, Bellman R. Inequalities. Berlin: Springer, 1983.

[20]　Hölder O. Über einen mittelwertsatz. Göttinger Nachrichten, 1889, 2: 38-47.

[21]　Rogers L J. An extension of a certain theorem in inequalities. Messenger of Math., 1888, 17: 145-150.

[22]　Hardy G H, Littlewood J E, Polya G. Inequalities. Cambridge: Cambridge University Press, 1952.

[23]　Hao Z-C. Note on the inequality of the arithmetic and geometric means. Pacific J. Math., 1990, 143: 43-46.

[24]　Hu K. On an inequality and its applications. Scientia Sinica, 1981, 24 (8): 1047-1055.

[25]　Hu K. On Hilbert's inequality. Chinese Annals of Mathematics, 1992, 13 (1): 35-39.

[26]　Hu K. On Hilbert type inequality and its application. Journal of Jiangxi Normal University, 2001, 25 (2): 115-120.

[27]　Hu K. On Polya-Szegö inequalities. Analysis in theory and applications, 2005, 21 (4): 395-398.

[28]　Hu K. On an inequality and its applications. Journal of Jiangxi Normal University, 1994, 18 (4): 330-333.

[29]　Mitrinović D S, Pečarić J E, Fink A M. Classical and New Inequalities in Analysis. Kluwer, Dordrecht, 1993.

[30]　Mitrinović D S, Vasić P M. Analytic Inequalities. New York: Springer, 1970.

[31]   Popoviciu T. On an inequality. Gaz. Mat. Fiz. Ser. A (in Romanian), 1959, 11: 451-461.

[32]   Tian J-F. Extension of Hu Ke's inequality and its applications. Journal of Inequalities and Applications, 2011, vol. 2011, article 77.

[33]   Tian J. Reversed version of a generalized sharp Hölder's inequality and its applications. Information Sciences, 2012, 201: 61-69.

[34]   Tian J-F. Reversed version of a generalized Aczel's inequality and its application. Journal of Inequalities and Applications, 2012, Vol. 2012, article 202.

[35]   Tian J-F. Property of a Hölder-type inequality and its application. Mathematical Inequalities & Applications, 2013, 16 (3): 831-841.

[36]   Tian J, Hu X-M. A new reversed version of a generalized sharp Hölder's inequality and its applications. Abstract and Applied Analysis, 2013, vol. 2013, Article ID 901824, 9 pages.

[37]   Tian J, Zhou Y-X. Refinements of Hardy-type inequalities, Abstract and Applied Analysis. 2013, vol. 2013, Article ID 727923, 7 pages.

[38]   Vasić P M, Pečarić J E. On Hölder and some related inequalities. Mathematica Rev. D'Anal. Num. Th. L'Approx., 1982, 25: 95-103.

[39]   Wang C-L. Characteristics of nonlinear positive functional and their applications. Journal of Mathematical Analysis and Applications, 1983, 95: 564-574.

[40]   Wu S, Debnath L. Generalizations of Aczél's inequality and Popoviciu's inequality, Indian Journal of Pure and Applied Mathematics, 2005, 36 (2): 49-62.

[41]   Wu S. Generalization of a sharp Hölder's inequality and its application. Journal of Mathematical Analysis and Applications, 2007, 332 (1): 741-750.

[42]   Wu S. A new sharpened and generalized version of Hölder's inequality and its applications. Applied Mathematics and Computation, 2008, 197 (2): 708-714.